花椒种质资源图谱

杨建雷　曹永红　陈善波　等 著

中国林业出版社

图书在版编目（CIP）数据

花椒种质资源图谱/杨建雷等著.--北京：中国林业出版社，2023.9
ISBN 978-7-5219-2371-1

Ⅰ.①花… Ⅱ.①杨… Ⅲ.①花椒－种质资源－图谱 Ⅳ.① S573.2-64

中国版本图书馆 CIP 数据核字（2023）第 179255 号

策划编辑　李　敏
责任编辑　王美琪

出版发行　中国林业出版社 (100009　北京市西城区刘海胡同 7 号)
网　　站　http://lycb.forestry.gov.cn/hycb.html
电　　话　(010) 83143575　83143548
印　　刷　河北京平诚乾印刷有限公司
版　　次　2023 年 9 月第 1 版
印　　次　2023 年 9 月第 1 次
开　　本　148mm×210mm
字　　数　139 千字
印　　张　4.75
定　　价　58.00 元

编委会

作者简介

　　杨建雷，汉族，甘肃榆中人，中共党员，大学学历，现任甘肃省陇南市经济林研究院党委委员、花椒研究所副所长，正高级工程师，甘肃省经济林果产业聘任专家。中国林学会甘肃省分会会员，中国园艺学会干果分会永久会员，全国经济林协会花椒分会理事，国家林业和草原局首批经济林（花椒）咨询专家、花椒创新联盟副理事长。自参加工作以来，一直致力于林业科研、推广工作，先后主持、参加省、地、厅立项的科研、推广课题多项，其成果获省级科技进步奖三等奖2项，农业技术推广奖三等奖1项，市厅级科技进步奖二等奖3项、三等奖5项；主编出版学术专著2部，在国内外学术刊物上发表论文近20篇；多次受到相关部门表彰奖励，并被评为陇南地区首批"2255"科技人才地区级学术技术带头人，曾入选陇南市领军人才第二层次人选1次、第一层次人选2次。

花椒（*Zanthoxylum bungeanum* Maxim.）属芸香科（Rutaceae）花椒属（*Zanthoxylum* L.）落叶小乔木或灌木，是我国传统的香辛料和调味品，是一种经济价值和生态价值都比较高的经济林树种，具有重要的食用价值、药用价值和水土保持作用，与人们的生产、生活息息相关。除东北和内蒙古外，全国大部分地区都有栽培。

全国花椒栽植面积2500万亩[①]，年产干椒40多万 t，产值300多亿元。甘肃省陇南市地处秦巴山区，非常适宜花椒的生长，素有"千年椒乡"之美誉。花椒作为陇南市最重要的经济林树种之一，具有悠久的栽培历史，品种资源丰富，种植面积大，产量高，品质好，尤其是武都大红袍、梅花椒等产品，风味独特，麻香味浓，是不可多得的花椒佳品。

自陇南市经济林研究院花椒研究所成立以来，注重对国内外花椒品种收集，并建设花椒种质资源圃，目前所建种质资源圃是国内品种比较齐全的种质资源圃之一。陇南市经济林研究院花椒研究所杨建雷先生从事花椒品种分类工作多年，实践经验非常丰富。目前，国内花椒品种命名比较混乱，全国尚没有对花椒品种命名系统进行介绍的学术专著，为了更好地推动全国花椒品种命名的规范性和统一性，他和同事共同撰写了《花椒种质资源图谱》一书。本书重点介绍了陇南市经济林研究院花椒研究所收集保存的全国各地不同品种的花椒，从树形、主干、枝条、叶片、花序、果实等方面进行了详细描述。

《花椒种质资源图谱》内容丰富，系统性强，是一部理论与实践结合比较紧密的著作，也是作者多年来对花椒品种分类研究成果的具体体现，具有较强的指导性，必将在推动全国花椒统一品种命名中发挥重要作用。

西北农林科技大学

2023 年 8 月

[①] 1 亩 =0.0667hm²。

序 二

我国早在 2600 多年前的春秋时期，先民就开始食用花椒。《诗经》之《周颂·载芟》中就有"有椒其馨，胡考之宁"的诗句，《诗经》之《国风·陈风·东门之枌》中也有"毂旦于逝，越以鬷迈。视尔如荍，贻我握椒"的诗句。到西晋末，由于花椒食用和药用功效得到进一步的开发，社会需求增加，激发了人们对花椒的人工栽培利用。

当今作为食用调料、中草药和商品流通领域所谓的"花椒"，泛指花椒属（*Zanthoxylum* L.）的花椒（*Zanthoxylum bungeanum* Maxim.）、竹叶花椒（*Zanthoxylum armatum* DC.）和青花椒（*Zanthoxylum schinifolium* Sieb. & Zucc.）等若干种的果实。这些多皮刺的落叶灌木或小乔木，是我国传统的香料和调味品树种，多半属于药食同源植物。该属植物全世界约有 250 余种，广布于亚洲、非洲、大洋洲、北美洲的热带、亚热带地区及暖温带，是芸香科（Rutaceae）种类最多、分布最广的类群。天然分布于中国的花椒属植物约有 41 种，其中，25 种为中国特有种，除少数寒冷地区外，全国均有分布。除了人工种植的花椒品种外，该属植物绝大多数种类处于野生或半野生状态，开发利用潜力颇大。

近 50 年来，随着甘肃陇南，陕西韩城，四川金阳、茂汶、汉源，重庆江津，河北涉县，河南林州，云南鲁甸，山东莱芜等全国闻名的花椒产业基地建设的不断推进，花椒栽培面积的不断扩张，椒果产量和品质不断提高，花椒经济林建设已步入规模化、商品化、高品质的发展轨道。截至目前，由于不同研究团队在认知上的分异，产自不同地方的花椒品种客观上存在着"同名异物"或"同物异名"的诸多混淆现象，诸如同一品种在不同产地的品种名不同，不同品种在同一产地又赋予相同的品种名，由此引发花椒品种繁育研究的很多误解，并为椒果贸易流通带来极大的不便。恰逢其时，甘肃省陇南市经济林研究院花椒研究所杨建雷正高级工程师及其研究团队基于数十年的花椒栽培实践和繁育研究积累，主持编写了这部《花椒种质资源图谱》。近期本人欣然受邀，拜读了修改稿，该书汇集了来自国内外的 50 余个品种（种、品种及其无性系），对其收录的品种进行了详尽描述，并配有 300 余幅清晰生动的照片，体现了简明扼要、通俗易懂、图文并茂的编撰理念，亦充分彰显了本书作者对花椒品种分类研究的辛勤劳动和无私奉献精神。预期本书的出版将在很大程度上促成研究者达成花椒品种鉴定的共识，并澄清花椒研究、栽培利用及产品流通中的疑难问题，可作为广大花椒研究者、生产者的工具书及农林院校师生的教学参考书。

在该书即将出版之际，我衷心祝愿这本书能成为广大读者的良师益友，对花椒品种分类和鉴别提供帮助，为花椒品种命名的同质化发挥积极的推动作用，也为花椒经济林产业可持续、高质量发展，增加椒农收入作出有益贡献。

甘肃农业大学林学院　孙学刚

2023 年 8 月

前　言

　　通常所说的花椒，是泛指花椒（*Zanthoxylum bungeanum* Maxim.）和竹叶花椒（*Zanthoxylum armatum* DC.），属芸香科（Rutaceae）花椒属（*Zanthoxylum* L.），落叶灌木或小乔木，主要应用于调味品和医疗方面，是我国传统的香料和调味品树种。花椒分布范围广泛，原产于我国北部至西南部，野生于秦岭及泰山海拔1000m以下的地区。四川、甘肃、云南、陕西、重庆、贵州、河南、河北、山西、山东、宁夏、青海、湖北、湖南、江苏、浙江、江西、福建、广东、广西等省份均有栽培，并大多栽培于低山丘陵、梯田边缘和庭院周围。近几年已形成了甘肃陇南，陕西韩城，山东莱芜，四川金阳、茂汶、汉源，重庆江津，河北涉县，河南林州，云南鲁甸等全国闻名的花椒产业基地。全国种植面积已达167万 hm²，年产干花椒40多万 t，椒籽110万 t，形成了一个年产值达300多亿元的巨大特色农产品产业。亚洲很多国家先后引种栽培，日本、韩国、朝鲜、印度、马来西亚、尼泊尔、菲律宾等国家均有分布，以日本和韩国栽培面积最大。

　　陇南花椒大约在春秋时期便闻名遐迩，栽培利用也已有1500多年的历史。《范子计然》中有："蜀椒，出武都①，赤色者善。秦椒，出陇西天水，细者善。"北魏时期，在贾思勰所著的《齐民要术》中就有："蜀椒出武都，秦椒出天水"的记载。由于适宜的自然条件，使得出产于陇南的武都大红袍花椒以果皮丹红、粒大饱满、芳香浓郁、麻味醇厚而久负盛名，早在唐代就被列为贡品。[梁]吴均在《饼说》中罗列了当时一批有名的特产，其中调味品有"洞庭负霜之橘，仇池连蒂之椒，济北之盐"，以之制作的饼食"既闻香而口闷，亦见色而心迷"。这里的"仇池"即先秦蜀国的武都邑，汉代的武都郡，今西和县、礼县、武都区一带。陇南花椒主要分布在"一区五片"（武都区、宕昌县沙湾片、文县临江片、康县平洛片、西和县大桥片、礼县下四区片），主产区重点发展的乡（镇）80个，占全市乡镇总数的41%；涉及1132个村，占全市村总数的33.5%；全市宜椒区农民92万人，占全市总人口的34%。陇南花椒1992年在中国丝绸之路艺术节上荣获金奖，1993年获外贸部优质产品奖，1994年在全国名优特林产品博览会上荣获金奖，2006年在十三届中国杨凌农业高新科技成果博览会上获"后稷奖"。1994年陇南市文县被林业

---

① 武都即现今陇南。

部确定为花椒基地建设县, 2000 年陇南市武都区被国家林业局命名为"中国花椒之乡"。截至 2022 年年底, 全市已发展花椒 20.11 万 hm², 当年总产量达到 6.12 万 t, 总产值达 61.19 亿元, 椒农人均花椒销售收入 6651 元。陇南市成为全国花椒栽培面积、总产量、销售量第一, 果皮质量、花椒收入在农民纯收入中占比位居前列的主产区。

2011 年, 在陇南市委、市政府的大力支持下, 陇南市经济林研究院花椒研究所马街花椒种质资源收集圃开始建设。在各级领导和相关部门的关心和帮助下, 经过团队十几年的不懈努力, 已收集国内外花椒品种 60 余种, 已成为集花椒种质资源收集、良种苗木繁育、丰产栽培示范、子代林测试、技术交流、农民技术员培训等为一体的科研推广示范基地。

在各级领导大力支持下, 我们依托"2022 年甘肃省鲁甘项目""2023 年东西协作项目""2023 年中央引导地方科技发展资金"等项目的资助, 结合多年对花椒种质资源收集圃影像收集的基础, 参阅国内外相关学术文献, 组织技术人员编撰了本图谱, 以期为科研人员在花椒品种分类命名、鉴定和新品种培育等研究和应用工作中提供探索和参考。栽培品种中文名写法需加单引号, 例如'梅花椒', 本书中栽培品种中文名出现频繁, 为保持版面简洁美观, 在此省略单引号。

本书由杨建雷统稿和汇编, 各章节编撰人员为: 第一章, 杨建雷; 第二章, 曹永红; 第三章, 曹永红; 第四章, 陈善波; 第五章, 曹永红; 第六章, 任苗; 第七章, 任苗; 第八章, 曹永红; 第九章, 曹永红; 附录, 杨建雷。需特别注意的是, 虽陇南市隶属于甘肃省, 但本书着重介绍陇南花椒, 所以第三章节介绍的为甘肃省除陇南市之外的其他地区的花椒主栽品种。

在书稿写作过程中, 郭立新、武衡、刘婷、吕瑞娥、朱德琴、王勃、张春回、宫盱彤、李向明、张晓军、马小珍、刘岁芳等人在数据收集、书稿编写中都付出了辛勤的劳动。

在书稿编撰过程中, 甘肃农业大学孙学刚教授提供了部分花椒属野生种类的照片, 河北省林业科学研究院 (简称河北林科院) 郭伟珍正高级工程师提供了部分葡萄山椒的照片, 文县勇荣经济林种植农民专业合作社丁晓勇总经理提供了部分九叶青、藤椒的照片。本书成稿后, 西北农林科技大学魏安智教授、甘肃农业大学孙学刚教授在百忙中作序, 谨在此致以衷心的感谢! 由于我们业务水平有限, 缺点在所难免, 敬请读者指正。

著者
2023 年 7 月

目 录

序 一

序 二

前 言

第一章 概 述 1

一、花椒的分类学地位 2

二、花椒的起源及栽培历史 3

三、花椒的经济价值 4

四、国内外发展现状 6

第二章 陇南花椒 11

梅花椒 *Zanthoxylum bungeanum* 'Meihuajiao' 12

武都大红袍 *Zanthoxylum bungeanum* 'Wududahongpao' 14

二红袍 *Zanthoxylum bungeanum* 'Erhongpao' 16

八月椒 *Zanthoxylum bungeanum* 'Bayuejiao' 18

长把子椒 *Zanthoxylum bungeanum* 'Changbazijiao' 20

叶里藏 *Zanthoxylum bungeanum* 'Yelicang' 22

羊毛椒 *Zanthoxylum bungeanum* 'Yangmaojiao' 24

绵椒 *Zanthoxylum bungeanum* 'Mianjiao' 26

白椒 *Zanthoxylum bungeanum* 'Baijiao' 28

陇南无刺梅花椒 *Zanthoxylum bungeanum* 'Longnanwucimeihuajiao' 30

第三章 甘肃花椒 33

临夏绵椒 *Zanthoxylum bungeanum* 'Linxiamianjiao' 34

秦安大红袍 *Zanthoxylum bungeanum* 'Qinandahongpao' ·········· 36

秦安一号 *Zanthoxylum bungeanum* 'Qinanyihao' ··········· 38

甘谷伏椒 *Zanthoxylum bungeanum* 'Gangufujiao' ··········· 40

第四章　四川花椒 ····················· 43

汉源花椒 *Zanthoxylum bungeanum* 'Hanyuanhuajiao' ··········· 44

汉源正路椒 *Zanthoxylum bungeanum* 'Hanyuanzhenglujiao' ········· 46

茂县花椒 *Zanthoxylum bungeanum* 'Maoxianhuajiao' ··········· 48

第五章　陕西花椒 ····················· 51

凤县豆椒 *Zanthoxylum bungeanum* 'Fengxiandoujiao' ··········· 52

凤椒 *Zanthoxylum bungeanum* 'Fengjiao' ··············· 54

凤县野花椒 *Zanthoxylum bungeanum* 'Fengxianyehuajiao' ········· 56

南强一号 *Zanthoxylum bungeanum* 'Nanqiangyihao' ··········· 58

狮子头 *Zanthoxylum bungeanum* 'Shizitou' ·············· 60

韩城无刺 *Zanthoxylum bungeanum* 'Hanchengwuci' ··········· 62

府谷花椒 *Zanthoxylum bungeanum* 'Fuguhuajiao' ··········· 64

第六章　西农品种 ····················· 67

党村无刺 *Zanthoxylum bungeanum* 'Dangcunwuci' ··········· 68

凤选 1 号 *Zanthoxylum bungeanum* 'Fengxuanyihao' ··········· 70

西农 1 号 *Zanthoxylum bungeanum* 'Xinongyihao' ··········· 72

西农 2 号 *Zanthoxylum bungeanum* 'Xinongyihao' ·················· 74

仡佬无刺 *Zanthoxylum bungeanum* 'Gelaowuci' ·················· 76

韩大 2 号 *Zanthoxylum bungeanum* 'Handaerhao' ·················· 78

西农无刺 *Zanthoxylum bungeanum* 'Xinongwuci' ·················· 80

野选 1 号 *Zanthoxylum bungeanum* 'Yexuanyihao' ·················· 82

第七章　青花椒 ·· 85

藤椒 *Zanthoxylum armatum* 'Tengjiao' ·················· 86

九叶青 *Zanthoxylum armatum* 'Jiuyeqing' ·················· 88

七叶青 *Zanthoxylum armatum* 'Qiyeqing' ·················· 90

第八章　日本花椒 ·· 93

朝仓山椒 *Zanthoxylum piperitum* 'Chaocangshanjiao' ·················· 94

琉锦山椒 *Zanthoxylum piperitum* 'Liujinshanjiao' ·················· 96

葡萄山椒 *Zanthoxylum piperitum* 'Putaoshanjiao' ·················· 98

花山椒 *Zanthoxylum piperitum* 'Huashanjiao' ·················· 100

第九章　其他花椒 ·· 103

大红袍王 *Zanthoxylum bungeanum* 'Dahongpaowang' ·················· 104

无刺 2 号 *Zanthoxylum bungeanum* 'Wucierhao' ·················· 106

白沙椒 *Zanthoxylum bungeanum* 'Baishajiao' ·················· 108

莱芜大红袍 *Zanthoxylum bungeanum*'Laiwudahongpao' ············ 110

莱芜无刺椒 *Zanthoxylum bungeanum*'Laiwuwucijiao' ·············· 112

莱芜小红椒 *Zanthoxylum bungeanum*'Laiwuxiaohongjiao' ········· 114

茴香花椒 *Zanthoxylum bungeanum*'Huixianghuajiao' ················ 116

参考文献 ··· **118**

附 录 陇南主要花椒品种 ································ **121**

竹叶椒 *Zanthoxylum armatum* ···································· 122

毛竹叶椒 *Zanthoxylum armatum* var. *ferrugineum* ············· 123

毛叶花椒 *Zanthoxylum bungeanum* var. *pubescens* ············ 124

异叶花椒 *Zanthoxylum dimorphophyllum* ···················· 125

刺异叶花椒 *Zanthoxylum dimorphophyllum* var. *spinifolium* ·········· 126

蚬壳花椒 *Zanthoxylum dissitum* ······························· 127

刺壳花椒 *Zanthoxylum echinocarpum* ························· 128

川陕花椒 *Zanthoxylum piasezkii* ······························ 129

微柔毛花椒 *Zanthoxylum pilosulum* ·························· 130

狭叶花椒 *Zanthoxylum stenophyllum* ························· 131

野花椒 *Zanthoxylum simulans* ································· 132

香椒子 *Zanthoxylum schinifolium* ···························· 133

小花花椒 *Zanthoxylum micranthum* ·························· 134

第一章 概　述

杨建雷　撰写

陇南大红袍王

一、花椒的分类学地位

花椒（*Zanthoxylum bungeanum* Maxim.）和竹叶花椒（*Zanthoxylum armatum* DC.）属芸香科（Rutaceae）花椒属（*Zanthoxylum* L.），落叶或常绿小乔木、灌木，主要应用于调味品和医疗方面，是我国传统的香料和调味品树种。该属植物全世界约有 250 种，分布于亚洲、非洲、大洋洲，主产于暖温带、亚热带、热带地区。原产我国的约有 41 种 13 个变种。

二、花椒的起源及栽培历史

1. 花椒的起源

花椒是我国的原生植物，先民对花椒资源的利用可以追溯到商代。在上古时期，花椒一直处于野生状态，到西晋末，由于花椒实用功能得到进一步开发，加之社会需求的增加，我国开始有了栽培花椒。综观史料和现代研究成果，初步可以认为，我国花椒起源于甘肃南部，栽培花椒首先出现于四川北部丘陵山地，之后由贩卖花椒的商人引种到北方。花椒作为我国的重要辛香料和中药材，有着悠久的历史起源，已有近两千年的栽培历史。

2. 花椒的栽培历史

早在 2600 多年前的春秋时期，先民就知道食用花椒了。由于其果皮暗红，密生疣状突起的腺点，犹如细斑，故得花椒之名。《诗经》之《周颂·载芟》中就有"有椒其馨，胡考之宁"的诗句，《诗经》之《国风·陈风·东门之枌》中也有"榖旦于逝，越以鬷迈。视尔如荍，贻我握椒"的诗句。花椒最初的用途是作为敬神的香物。花椒入药，最早见于秦汉时期我国最早的中药学专著《神农本草经》，认为花椒可以"坚齿发""明目""耐

陇南市经济林研究院花椒研究所引种试验示范园

陇南市经济林研究院花椒研究所品种收集区

老""增年""通神"。而作为调味品,是从东汉开始的。北魏时期的
《齐民要术》,就有"其叶及青摘取,可以为菹,干而末之,亦足充事"
的记载。到西晋末,由于花椒实用功能得到进一步开发,社会需求增加,
我国开始有了栽培花椒。

三、花椒的经济价值

1. 花椒的食用价值

花椒的果皮富含挥发油、酰胺、生物碱和脂肪等,可蒸馏提取芳香油,
作食品香料和香精原料,也是常用烹饪调料,被誉为"八大调味品"之
一。种子也叫椒目,含油率25%～30%,所榨取的椒目油,可食用或
用于制肥皂、油漆、润滑油等。经实验分析证明,花椒种籽油由棕榈酸、
棕榈油酸、硬脂酸、油酸、亚油酸、亚麻酸、十七碳烯酸等组成,主要
成分油酸、亚油酸、亚麻酸的混合含量高达57.549%～87.907%。该油
的酸败主要是亚油酸、亚麻酸的氧化造成,碱炼、脱蜡、脱色处理对脂

肪酸组分影响不大。花椒种籽油含有丰富的钙、铁、锌及含量较高的锶、锰等人体必需的矿物元素。除了果皮供食用外，嫩茎和鲜叶可直接作为蔬菜食用，青干叶可作烤制面食制品的香料。

2. 花椒的药用价值

花椒的果皮、果梗、种子及根、茎、叶均可入药，有温中散寒、燥湿杀虫、行气止痛的功能，用于治疗脘腹冷痛、呕吐腹泻、虫积腹痛、蛔虫症、湿疹瘙痒等。花椒果皮所含挥发油具有麻醉、抗菌、杀虫等功效，也曾用于临床治疗。近年来的研究表明，花椒中的其他有效成分也具有多种生理活性，对胃溃疡、肝损害、炎症性及功能性腹泻、胃肠功能紊乱性腹痛等疾病有较好的疗效，同时还发现该属植物有抗癌活性。花椒籽仁油是高档的植物油，其中含有大量的不饱和脂肪酸和 α-亚麻酸，

梅花椒果实

可作为防治心血管疾病的医药、保
健食品的原料。

3. 花椒的生态价值

花椒树耐干旱，耐瘠薄，适应
性强，繁殖容易，结果量稳定，栽
培技术简单，经济效益高，树冠枝
繁叶茂，抗风力强，地下根系发达，
固土能力强，是山地水土保持的理想树种。

武都花椒地理标志保护产品认证

4. 花椒的其他利用价值

花椒籽外皮提取的油脂可以作为高级油漆原料使用。花椒叶等还具
有杀菌、杀虫等功效，并初步显示出其作为植物源农药的前景。此外，
以超临界二氧化碳萃取和喷雾干燥为主要技术研发的微胶囊产品也开始
在市场上露面，这类产品技术含量高，颇受消费者欢迎。有学者对花椒
芳香油、挥发油及其乙醚萃取物的成分进行了分析鉴定，还对其毒杀几
种粮食害虫和抑制几种储粮霉菌的效果进行了测定报道。油渣可作饲料
和肥料。树干是良好的手工艺品用材。此外，花椒地上部分枝繁叶茂，
姿态优美，果实成熟时火红艳丽且芳香宜人，有比较好的观赏价值。

四、国内外发展现状

1. 花椒的地理分布

花椒分布范围广泛，原产我国北部至西南部，野生于秦岭及泰山两
山脉海拔 1000m 以下的地区。四川、甘肃、云南、陕西、重庆、贵州、
河南、河北、山西、山东、宁夏、青海、湖北、湖南、江苏、浙江、江
西、福建、广东、广西等省份均有栽培，并大多栽培于低山丘陵、梯田
边缘和庭院周围。近几年已形成了甘肃陇南，陕西韩城，四川金阳、茂
汶、汉源，重庆江津，河北涉县，河南林州，云南鲁甸，山东莱芜等全

国闻名的花椒产业基地。亚洲很多国家先后引种栽培,日本、韩国、朝鲜、印度、马来西亚、尼泊尔、菲律宾等国家均有分布,以日本和韩国栽培面积最大。

2. 国外发展现状

花椒在日本又被称为山椒,是日本的主要经济树种之一,主要分布在和歌山县、奈良县、岐阜县、兵库县,栽培面积最大的品种是朝仓山椒,具有高产、优质、精油含量高、无刺等特点;此外还有葡萄山椒、琉锦山椒、朝仓野山椒、冬山椒、稻山椒等。其产品包括鲜果和干果两种。鲜果的应用占有一定的市场,大约占总量的1/3,主要用于腌菜,嫩叶、嫩芽和花蕾是高级宾馆的佳肴。但日本更主要是利用干果,大约占总量的2/3,且作为一种调料和药用植物进行开发研究。日本医药株式会社、名医药教学与科研机构投入了很大精力对山椒开展攻关研究,并取得成功。由于制药业、香料业的发展,促进了山椒集约化栽培。在日本,山椒繁殖以嫁接为主,一般认为实生苗有刺,果实小,果实着生方式松散,产量低。嫁接一般以稻山椒、冬山椒作砧木,这两个品种根系深、抗病、抗干旱能力强。在各品种的品质与成分鉴定、育种技术方面,日本专家都做了大量的工作,并取得了很大成功。

在韩国,花椒一直作为食用和药用植物,韩国林业遗传研究所一直致力于选育具有多果穗、果粒大、无刺的优良品系,目前已选出13个优树,并建立了优树的无性系测定林,其中4个无性系表现为无刺,而全部优株的经济性状均优于对照的1.5 ~ 2倍。

3. 我国花椒发展现状

花椒具有生长快、结果丰、收益大、用途广、栽培管理简便、适应性强、根系发达、保持水土等优点,是我国栽培历史悠久、分布广泛的香料油料树种,种植面积和产量以及花椒品种数目居世界首位,占有绝对的优势。近年来,随着农业产业结构的调整、花椒出口量的增加,花椒的种植面积剧增,各地花椒产业均有较大的发展,种植规模以每年

20% ～ 30% 的速度递增，目前全国种植面积已达 167 万 hm^2，年产干花椒 40 多万 t，其中椒籽 110 万 t，形成了一个年产值达 300 多亿元的巨大特色农产品产业，其中以甘肃武都、陕西韩城、重庆江津、山东莱芜、四川汉源地区产量为大，其总产量超过全国的 2/3 以上。另外，在重庆建成了我国最大的花椒集散（批发）市场，花椒经过市场的初步整理加工后，流向全国各地。东南亚各国及日本、韩国等是传统的进口国，近年来，花椒也逐渐打入欧美市场，我国四川、山东等地均有一定的出口量。

　　目前，我国花椒的育种和栽培管理技术严重滞后，国内农产品生产和加工的不规范，花椒产量不稳定，农药残留问题日益突出，限制了我国花椒制品的出口，成为我国花椒产业发展迫在眉睫的问题。

武都大红袍

武都区花椒基地

收集品种建园

第二章 陇南花椒

曹永红 撰写

梅花椒 *Zanthoxylum bungeanum* 'Meihuajiao'

别名五月椒、贡椒，陇南地方品种。甘肃省审定林木良种，编号：甘 S-SSO-Zbm-005-2015。分布于白龙江沿岸海拔 800 ~ 1400m 向阳山坡台地。

品种特征 落叶灌木。树高 3 ~ 5m，树势半开张，成枝力强。主干绿褐色，光滑；皮孔扁圆形，小而疏；无明显皮纹；具红褐色扁皮刺，2 到多片生长在芽点周围，基部较窄，不隆起或轻微隆起；新生枝绿褐色。奇数羽状复叶互生，无绒毛和蜡粉；小叶 5 ~ 9 枚，多 5 ~ 7 枚，对生，卵圆形，先端渐尖，基部近圆形，无轴刺和轴翅；叶色浓绿，厚纸质，光滑，有波形褶皱，近全缘，边缘具明显油腺点。花单性，无花冠，花轴绿色，萼片红绿色，柱头 3 ~ 4 个，绿色，花柱中长；孤雌生殖。蓇葖果球形，密生疣状突起的较大腺体，果柄较短，一果柄着生果粒 1 ~ 4 粒，多数 2 ~ 4 粒，果粒基部通常着生 1 ~ 2 粒中途停止发育的小果粒；果穗较紧密，果实鲜红色，干制开裂后，外果皮浓红色，内果皮金黄色，形似梅花。

物候期 早熟品种。陇南产区 3 月中旬萌芽，4 月上旬现蕾，4 月中下旬展叶、花盛开，5 月上旬坐果，5 月中下旬果迅速膨大，6 月上旬果实开始着色，油腺逐渐增多，种子变硬，7 月上旬果实颜色完全由绿色变为丹红色，进入成熟期，8 月中旬到 9 月中旬，进入新梢二次生长期，9 月下旬新梢生长逐渐停止，10 月中下旬开始落叶，进入休眠期。

经济性状 果实产量高，品质好。

栽培特性 喜肥、喜干燥，耐旱、不耐积水、不耐寒，抗病虫害能力弱。

适宜栽培范围 与白龙江流域气候接近、海拔较低的花椒（红）产区。

果实 主干

新枝 叶片

植株 花序

武都大红袍 *Zanthoxylum bungeanum* 'Wududahongpao'

别名伏椒（甘肃省甘谷县）、刺椒（甘肃积石山）、油椒（甘肃省西和县、礼县）、六月椒等，分布范围最广、最常见的花椒品种，陇南产区栽培占 80% 以上。甘肃省审定林木良种，编号：甘 S-SP-Dhp-011-2013。

品种特征　落叶灌木。树高 3 ～ 5m，树势半开张，成枝力强。主干青灰色，光滑；皮孔扁圆形，小而疏；无明显皮纹；具红褐色扁皮刺，2 到多片生长在芽点周围，基部较窄，不隆起或轻微隆起；新生枝红褐色。奇数羽状复叶互生，无绒毛和蜡粉；小叶 5 ～ 9 枚，多 5 ～ 7 枚，对生，卵圆形，先端渐尖，基部近圆形，无轴翅，具鸡爪形小轴刺；叶色浓绿，厚纸质，光滑，有波形褶皱，近全缘，边缘具明显油腺点。花单性，无花冠，花轴绿色，萼片红绿色，柱头 3 ～ 4 个，绿色，花柱中长；孤雌生殖。蓇葖果球形，密生疣状突起的较大腺体，果柄较短，一果柄着生果粒 1 ～ 3 粒，极少 4 粒；果穗较紧密，果实鲜红色，干制开裂后，外果皮鲜红色，内果皮黄白色。

物候期　早熟品种。陇南产区 3 月中旬萌芽，4 月上旬现蕾，4 月中下旬展叶、花盛开，5 月上旬坐果，5 月中下旬果迅速膨大，6 月上旬果实开始着色，油腺逐渐增多，种子变硬，7 月上中旬果实颜色完全由绿色变为丹红色，进入成熟期，8 月中旬到 9 月中旬，进入新梢二次生长期，9 月下旬新梢生长逐渐停止，10 月中下旬开始落叶，进入休眠期。

经济性状　绝对主栽品种，果实产量高，品质好。

栽培特性　喜肥、喜干燥、耐旱、不耐积水，抗病虫害能力弱。

适宜栽培范围　除个别高海拔、高纬度产区外，全国花椒（红）产区均可栽植。

主干　新枝

花序　植株

果实　叶片

二红袍 *Zanthoxylum bungeanum* 'Erhongpao'

别名二红椒、七月椒、豆椒（甘肃县康县、礼县）等。甘肃省审定林木良种，编号：甘 S-SSO（1）-Zm-004-2017。零散分布于陇南各花椒主产区，通常与武都大红袍混植。

品种特征 落叶灌木。树高 3 ～ 5m，树势半开张，树势中庸。主干灰白色，光滑；皮孔扁圆形，较大，数量中等；无明显皮纹；具黑褐色扁皮刺，一般 2 片，规则生长在芽点两边，基部隆起成厚基座；新生枝红褐色。奇数羽状复叶互生，无绒毛和蜡粉；小叶 5 ～ 9 枚，多 5 ～ 7 枚，对生，卵圆形，先端渐尖，基部近圆形，无轴翅，具鸡爪形小轴刺；叶色浓绿，厚纸质，光滑，平展，近全缘，边缘具明显油腺点。花单性，无花冠，花轴、萼片均绿色，柱头 3 ～ 4 个，绿色，花柱中长；孤雌生殖。蓇葖果球形，密生疣状突起的较大腺体，果柄较短，一果柄一般着生果粒 1 ～ 2 粒；果穗较紧密，果实鲜红色，干制开裂后，外果皮暗红色，内果皮白色。

物候期 中熟品种。陇南产区 3 月中旬萌芽，4 月上旬现蕾，4 月中下旬展叶、花盛开，5 月上旬坐果，5 月中下旬果迅速膨大，6 月下旬果实开始着色，油腺逐渐增多，种子变硬，8 月上旬果实颜色完全由绿色变为红色，进入成熟期，8 月中旬到 9 月中旬，进入新梢二次生长期，9 月下旬新梢生长逐渐停止，10 月中下旬开始落叶，进入休眠期。

经济性状 果实产量高，品质中等。

栽培特性 喜肥、喜干燥，耐旱、耐寒、不耐积水，抗病虫害能力较强。作为砧木应用时，亲和力高，嫁接品种风味保持良好。

适宜栽培范围 全国花椒（红）产区均可栽植。

果实

主干

新枝

叶片

植株

花序

八月椒 *Zanthoxylum bungeanum* 'Bayuejiao'

别名秋椒（甘肃省秦安县、甘谷县）、枸椒、洋（羊）椒等，陇南各产区均有栽培，但仅在宕昌县官亭镇一带较多，其余产区数量极少。甘肃省审定林木良种，编号：S-SP-Byj-012-2013。

品种特征 落叶灌木。树高4～6m，树势直立，成枝力强。主干灰褐色；皮孔混合型，大而隆起，数量较密；无明显皮纹；具红褐色尖锐皮刺，2到多片生长在芽点周围，基部隆起成厚基座；新生枝绿褐色。奇数羽状复叶互生，无绒毛和蜡粉；小叶5～9枚，多5～7枚，对生，长椭圆形，先端渐尖，基部近圆形，无轴翅，轴刺鸡爪形；叶色绿，纸质，光滑，两边微上卷，近全缘，边缘具明显油腺点。花单性，无花冠，花轴、萼片均为绿色，柱头3～4个，绿色，花柱中短；孤雌生殖。蓇葖果球形，密生疣状突起的较大腺体，果柄中等，一果柄着生果粒1～2粒；果穗较紧密，果实红色，干制开裂后，外果皮暗红色，内果皮白色。

物候期 晚熟品种。陇南产区3月中旬萌芽，4月上旬现蕾，4月中下旬展叶、花盛开，5月上旬坐果，6月上旬果迅速膨大，8月上旬果实开始着色，油腺逐渐增多，种子变硬，9月中旬果实颜色完全由绿色变为褐红色，进入成熟期，8月中旬到9月中旬，进入新梢二次生长期，9月下旬新梢生长逐渐停止，10月中下旬开始落叶，进入休眠期。

经济性状 果实产量高，果皮有明显腥膻味，品质较差。

栽培特性 耐瘠薄、耐旱、耐寒、耐阴，较耐水湿，树势强，抗病虫害能力强，是优良的砧木品种。

适宜栽培范围 全国花椒（红）产区均可栽培。

主干

果实

花序

叶片

植株

新枝

长把子椒 *Zanthoxylum bungeanum* 'Changbazijiao'

别名大红袍（甘肃省礼县、西和县）、长果柄大红袍等，陇南地方品种。零散分布于陇南各花椒主产区，数量极少，通常与武都大红袍混植。

品种特征 落叶灌木。树高 3～6m，树势开张。主干青褐色，较光滑；皮孔近圆形，小而疏；无明显皮纹；具红褐色扁皮刺，较小，不规整稀疏分布，基部隆起成厚基座；新生枝绿褐色，仅中部以下有皮刺。奇数羽状复叶互生，无绒毛和蜡粉；小叶 5～9 枚，多 5～7 枚，对生，长椭圆形，先端渐尖，基部近圆形，无轴翅，轴刺鸡爪状；叶色绿，纸质，较薄，光滑，平展，叶缘有细锯齿，齿缝处具较明显油腺点。花单性，无花冠，花轴绿色，萼片红绿色，柱头 3～4 个，绿色，花柱中长；孤雌生殖。蓇葖果球形，密生疣状突起的较大腺体，果柄较长，一果柄着生果粒 1～2 粒；果穗松散，果实鲜红色，果皮较薄，干制开裂后，外果皮红色，内果皮淡黄色。

物候期 中熟品种。陇南产区 3 月中旬萌芽，4 月上旬现蕾，4 月中下旬展叶、花盛开，5 月上旬坐果，5 月中下旬果迅速膨大，6 月上旬果实开始着色，油腺逐渐增多，种子变硬，7 月中旬果实颜色完全由绿色变为红色，进入成熟期，8 月中旬到 9 月中旬，进入新梢二次生长期，9 月下旬新梢生长逐渐停止，10 月中下旬开始落叶，进入休眠期。

经济性状 果实产量较高，果皮较薄，干制率较低，品质中等。

栽培特性 喜肥、喜干燥，耐旱、不耐积水，抗病虫害能力弱。树势开张，易于培育开心形树形。

适宜栽培范围 全国花椒（红）产区均可栽培。

主干

花序

果实

新枝

植株　　叶片

叶里藏 *Zanthoxylum bungeanum* 'Yelicang'

别名藏叶椒，陇南地方品种。多分布于武都区东路花椒产区，与武都大红袍混植。

品种特征 落叶灌木。树高 3 ～ 5m，树势半开张。主干灰绿色，光滑；皮孔圆形，中等；无明显皮纹；具灰褐色扁皮刺，基部较宽厚，有隆起；新生枝红绿色。奇数羽状复叶互生，无绒毛和蜡粉；小叶 5 ～ 9 枚，多 5 ～ 7 枚，对生，卵圆形，先端渐尖，基部近圆形，无轴翅，轴刺鸡爪状；叶色浓绿、厚纸质、光滑，近全缘，边缘具明显油腺点。花单性，无花冠，花轴绿色，萼片红绿色，柱头 3 ～ 4 个，绿色，花柱中长；孤雌生殖。蓇葖果球形，密生疣状突起的较大腺体，果柄极短，一果柄着生果粒 1 ～ 2 粒，果穗紧密，果实鲜红色，干制开裂后，外果皮紫红色，内果皮黄白色。

物候期 中熟品种。陇南产区 3 月中旬萌芽，4 月上旬现蕾，4 月中下旬展叶、花盛开，5 月上旬坐果，5 月中下旬果迅速膨大，6 月上旬果实开始着色，油腺逐渐增多，种子变硬，7 月下旬果实颜色完全由绿色变为红色，进入成熟期，8 月中旬到 9 月中旬，进入新梢二次生长期，9 月下旬新梢生长逐渐停止，10 月中下旬开始落叶，进入休眠期。

经济性状 果实产量高，品质中等。

栽培特性 喜肥、喜干燥，耐旱、较耐积水，抗病虫害能力中等。

适宜栽培范围 全国花椒（红）产区均可栽培。

主干

新枝

花序

果实

植株

叶片

羊毛椒 *Zanthoxylum bungeanum* 'Yangmaojiao'

陇南地方品种。仅零星分布于西和县洛峪镇等乡镇。

品种特征　落叶灌木。树高3～5m，树势开张，成枝力强。主干绿褐色，光滑；皮孔混合型，中等；无明显皮纹；具红褐色扁皮刺，较大，基部较窄，轻微隆起成薄基座；新生枝红褐色。奇数羽状复叶互生，无绒毛和蜡粉；小叶5～9枚，多5～7枚，对生，卵圆形，先端渐尖，基部近圆形，无轴翅，轴刺鸡爪状；叶绿色，厚纸质，叶脉明显凹陷，近全缘，边缘具明显油腺点。花单性，无花冠，花轴绿色，萼片红绿色，柱头4个，绿色，花柱中长；孤雌生殖。蓇葖果球形，密生疣状突起的较大腺体，果柄长，一果柄着生果粒1～2粒，果穗松散，果实鲜红色，干制开裂后，外果皮红色，内果皮白色。

物候期　中熟品种。陇南产区3月中旬萌芽，4月上旬现蕾，4月中下旬展叶、花盛开，5月上旬坐果，5月中下旬果迅速膨大，6月上旬果实开始着色，油腺逐渐增多，种子变硬，8月上旬果实颜色完全由绿色变为红色，进入成熟期，8月中旬到9月中旬，进入新梢二次生长期，9月下旬新梢生长逐渐停止，10月中下旬开始落叶，进入休眠期。

经济性状　果实产量低，品质中下。

栽培特性　喜肥、喜干燥，耐旱、不耐积水、不耐寒，抗病虫害能力弱。

适宜栽培范围　全国花椒（红）产区均可栽培。

主干

新枝

果实

叶片

植株

绵椒 *Zanthoxylum bungeanum* '*Mianjiao*'

别名江东椒（甘肃省文县、武都区），陇南地方品种。主要零散分布于陇南市西和县、礼县等花椒产区，在文县、武都区有零星分布，数量极少，通常与武都大红袍混植。

品种特征　落叶灌木。树高 3 ~ 5m，树势开张。主干灰褐色，光滑；皮孔混合型，中等，较密；无皮纹；具红褐色扁皮刺，较大，基部较窄，轻微隆起成基座；新生枝红褐色。奇数羽状复叶互生，无绒毛和蜡粉；小叶 5 ~ 9 枚，多 5 ~ 7 枚，对生，卵圆形，先端渐尖，基部近圆形，无轴翅，轴刺鸡爪状；叶绿色，纸质，向下微反卷，叶脉明显凹陷，全缘，边缘具明显油腺点。花单性，无花冠，花轴绿色，萼片暗红色，柱头 3 ~ 4 个，绿色，花柱中短；孤雌生殖。蓇葖果球形，密生疣状突起的较大腺体，果柄短，一果柄着生果粒 1 ~ 2 粒，果穗紧密，果实鲜红色，干制开裂后，外果皮红色，内果皮白色。

物候期　中熟品种。陇南产区 3 月中旬萌芽，4 月上旬现蕾，4 月中下旬展叶、花盛开，5 月上旬坐果，5 月中下旬果迅速膨大，6 月上旬果实开始着色，油腺逐渐增多，种子变硬，7 月中旬果实颜色完全由绿色变为红色，进入成熟期，8 月中旬到 9 月中旬，进入新梢二次生长期，9 月下旬新梢生长逐渐停止，10 月中下旬开始落叶，进入休眠期。

经济性状　果实产量中等，品质一般。

栽培特性　喜肥、喜干燥，耐旱、较耐积水，抗病虫害能力中等。

适宜栽培范围　全国花椒（红）产区均可栽培。

主干　花序
果实
植株　叶片
新枝

白椒 *Zanthoxylum bungeanum* 'Baijiao'

陇南引进品种。仅零星分布于西和县洛峪镇（甘肃省林业科学研究院，苗木，2003）和康县长坝镇部分村（20 世纪 70 年代，种子）。

品种特征 落叶灌木。树高 3～5m，树势开张。主干黑褐色，较粗糙；皮孔混合型，较大且隆起，密集；无明显皮纹；具红褐色扁皮刺，基部较窄，隆起成厚基座；新生枝红绿色。奇数羽状复叶互生，无绒毛和蜡粉；小叶 5～9 枚，多 5～7 枚，对生，卵圆形，先端渐尖，基部近圆形，无轴翅，轴刺鸡爪状；叶绿色，纸质，光滑，全缘，边缘具明显油腺点。花单性，无花冠，花轴、萼片均为绿色，柱头 3～4 个，黄绿色，花柱中短；孤雌生殖。蓇葖果球形，密生疣状突起的较大腺体，果柄较长，一果柄着生果粒 1～2 粒，果穗较松散，果实黄白色，干制开裂后，外果皮淡红色，内果皮白色。

物候期 中熟品种。陇南产区 3 月中旬萌芽，4 月上旬现蕾，4 月中下旬展叶、花盛开，5 月上旬坐果，5 月中下旬果迅速膨大，6 月下旬果实开始着色，油腺逐渐增多，种子变硬，8 月上中旬果实颜色完全由绿色变为黄白色，进入成熟期，8 月中旬到 9 月中旬，进入新梢二次生长期，9 月下旬新梢生长逐渐停止，10 月中下旬开始落叶，进入休眠期。

经济性状 果实产量高，香味纯正，无异味，麻味较淡，品质中等。

栽培特性 喜肥、喜干燥、耐旱、不耐积水，抗病虫害能力中等。

适宜栽培范围 全国花椒（红）产区均可栽培。

主干

花序

新枝

叶片

果实

植株

陇南无刺梅花椒 *Zanthoxylum bungeanum* 'Longnanwucimeihuajiao'

由梅花椒无刺优树选育，选育编号：武选一号，陇南第一个人工选育品种。甘肃省审定林木良种，编号：甘 S-SC-ZB-007-2020。在全市各县区有零散推广栽培。

品种特征　落叶灌木。树高 3～5m，树势半开张，成枝力强。主干绿褐色，光滑；皮孔扁圆形，小而疏；无明显皮纹；具红褐色扁皮刺，基部较窄，不隆起或轻微隆起，营养枝仅见于基部约 1/3 之内，较原品种梅花椒稀少、窄小，果穗着生处一对皮刺（俗称"把门刺"）退化；新生枝绿褐色。奇数羽状复叶互生，无绒毛和蜡粉；小叶 5～9 枚，多 5～7 枚，对生，卵圆形，先端渐尖，基部近圆形，无轴刺和轴翅；叶色浓绿，厚纸质，光滑，有波形褶皱，全缘，边缘具明显油腺点。花单性，无花冠，花轴绿色，萼片红绿色，柱头 3～4 个，绿色，花柱中长；孤雌生殖。蓇葖果球形，密生疣状突起的较大腺体，果柄较短，一果柄着生果粒 1～4 粒，多数 2～4 粒，果粒基部通常着生 1～2 粒中途停止发育的小果粒；果穗较紧密，果实鲜红色，干制开裂后，外果皮浓红色，内果皮金黄色，形似梅花。

物候期　早熟品种。陇南产区 3 月中旬萌芽，4 月上旬现蕾，4 月中下旬展叶、花盛开，5 月上旬坐果，5 月中下旬果迅速膨大，6 月上旬果实开始着色，油腺逐渐增多，种子变硬，7 月上旬果实颜色完全由绿色变为丹红色，进入成熟期，8 月中旬到 9 月中旬，进入新梢二次生长期，9 月下旬新梢生长逐渐停止，10 月中下旬开始落叶，进入休眠期。

经济性状　果实产量高，品质好。

栽培特性　喜肥、喜干燥，耐旱、不耐积水、不耐寒，抗病虫害能力弱。选择高抗逆性砧木高位嫁接，耐水性、栽培寿命均有显著提高。

适宜栽培范围　与白龙江流域气候接近、海拔较低的花椒（红）产区。

果实　主干

新枝　叶片

花序

植株

第三章 甘肃花椒

曹永红 撰写

临夏绵椒 *Zanthoxylum bungeanum* 'Linxiamianjiao'

别名秋椒。临夏回族自治州（简称"临夏州"）主栽品种之一，在临夏州各花椒产区均有栽培。2014年陇南市经济林研究院花椒研究所以实生苗木从临夏县引进，现栽培于陇南市武都区马街镇官堆村花椒研究所种质资源圃。

品种特征 落叶灌木。树高3～5m，树势开张，成枝力强。主干灰白色，光滑；皮孔混合型，大而疏；无明显皮纹；具灰白色扁皮刺，基部较窄，不隆起或轻微隆起；新生枝绿褐色。奇数羽状复叶互生，无绒毛和蜡粉；小叶5～9枚，多5～7枚，对生，卵圆形，先端渐尖，基部近圆形，无轴翅，轴刺鸡爪状；叶色绿，纸质，叶脉凹陷，有向下反卷，近全缘，边缘具明显油腺点。花单性，无花冠，花轴红绿色，萼片红色，柱头3～4个，绿色，花柱中长；孤雌生殖。蓇葖果球形，密生疣状突起的较大腺体，果柄较短，一果柄着生果粒1～4粒，多数1～2粒；果穗较紧密，果实鲜红色，干制开裂后，外果皮红色，内果皮白色。

物候期 中熟品种。陇南收集圃3月中旬萌芽，4月上旬现蕾，4月中下旬展叶、花盛开，5月上旬坐果，5月下旬果迅速膨大，6月中旬果实开始着色，油腺逐渐增多，种子变硬，7月中下旬果实颜色完全由绿色变为红色，进入成熟期，8月中旬到9月中旬，进入新梢二次生长期，9月下旬新梢生长逐渐停止，10月中下旬开始落叶，进入休眠期。

经济性状 果实产量高，品质一般。

栽培特性 喜肥、喜干燥，耐旱、较耐积水，抗病虫害能力中等。

适宜栽培范围 全国花椒（红）产区均可栽培，但以较高海拔产区更为适宜。

果实
主干
叶片
新枝
花序
植株

秦安大红袍 *Zanthoxylum bungeanum* 'Qinandahongpao'

别名伏椒、油椒、六月椒等，秦安产区主栽品种。2011年陇南市经济林研究院花椒研究所以实生苗木从秦安县引进，现栽培于陇南市武都区马街镇官堆村花椒研究所种质资源圃。

品种特征　落叶灌木。树高3～5m，树势半开张，成枝力强。主干青灰色，光滑；皮孔混合型，数量中等；无明显皮纹；具灰褐色扁皮刺，2到多片生长在芽点周围，基部较窄，隆起不大；新生枝红褐色。奇数羽状复叶互生，无绒毛和蜡粉；小叶5～9枚，多5～7枚，对生，卵圆形，先端渐尖，基部近圆形，无轴翅，轴刺鸡爪状；叶色浓绿，厚纸质，光滑，有波形褶皱，全缘，边缘具明显油腺点。花单性，无花冠，花轴绿色，萼片红绿色，柱头3～4个，绿色，花柱中长；孤雌生殖。蓇葖果球形，密生疣状突起的较大腺体，果柄较短，一果柄着生果粒1～3粒，极少4粒；果穗较紧密，果实鲜红色，干制开裂后，外果皮鲜红色，内果皮黄白色。

物候期　早熟品种。陇南收集圃3月中旬萌芽，4月上旬现蕾，4月中下旬展叶、花盛开，5月上旬坐果，5月中下旬果迅速膨大，6月上旬果实开始着色，油腺逐渐增多，种子变硬，7月上中旬果实颜色完全由绿色变为丹红色，进入成熟期，8月中旬到9月中旬，进入新梢二次生长期，9月下旬新梢生长逐渐停止，10月中下旬开始落叶，进入休眠期。

经济性状　绝对主栽品种，果实产量高，品质好。

栽培特性　喜肥、喜干燥，耐旱、不耐积水，抗病虫害能力弱。

适宜栽培范围　除个别高海拔、高纬度产区外，全国花椒（红）产区均可栽植。

花序

果头

主干

植株

叶片

新枝

秦安一号 *Zanthoxylum bungeanum* 'Qinanyihao'

秦安县林业局选育品种，全国花椒产区均有引种。2011年陇南市经济林研究院花椒研究所以实生苗木从秦安县引进，现栽培于陇南市武都区马街镇官堆村花椒研究所种质资源圃。

品种特征 落叶灌木。树高3～5m，树势开张，成枝力强。主干灰绿色，光滑；皮孔混合型，数量中等；无明显皮纹；具灰白色扁皮刺，基部较窄，不隆起或轻微隆起；新生枝红褐色。奇数羽状复叶互生，无绒毛和蜡粉；小叶5～9枚，多5～7枚，对生，近圆形，先端渐尖，基部圆形，无轴翅，轴刺鸡爪状；叶色绿，纸质，叶脉凹陷，微向下反卷，近全缘，边缘具明显油腺点。花单性，无花冠，花轴绿色，萼片红绿色，柱头3～4个，绿色，花柱中等；孤雌生殖。蓇葖果球形，密生疣状突起的较大腺体，果柄中等，一果柄着生果粒1～4粒，多数1～2粒；果穗较紧密，果实鲜红色，干制开裂后，外果皮红色，内果皮白色。

物候期 中熟品种。陇南收集圃3月中旬萌芽，4月上旬现蕾，4月中下旬展叶、花盛开，5月上旬坐果，5月下旬果迅速膨大，6月中旬果实开始着色，油腺逐渐增多，种子变硬，7月中下旬果实颜色完全由绿色变为红色，进入成熟期，8月中旬到9月中旬，进入新梢二次生长期，9月下旬新梢生长逐渐停止，10月中下旬开始落叶，进入休眠期。

经济性状 果实产量中等，品质一般。

栽培特性 耐旱、耐寒品种，喜肥、喜干燥，抗病虫害能力中等。

适宜栽培范围 适宜寒凉花椒（红）产区，低海拔、较热产区生长不良。

主干

新枝

花序

叶片

果实

植株

武都植株

甘谷伏椒 *Zanthoxylum bungeanum* 'Gangufujiao'

别名大红袍、油椒、六月椒等，甘谷产区主栽品种。2018 年陇南市经济林研究院花椒研究所以实生苗木从甘谷县引进，现栽培于陇南市武都区马街镇官堆村花椒研究所种质资源圃。

品种特征 落叶灌木。树高 2 ～ 4m，树势半开张，成枝力强。主干青灰色，光滑；皮孔混合型，数量中到密；无明显皮纹；具灰褐色扁皮刺，2 到多片生长在芽点周围，基部较宽，隆起明显；新生枝灰绿色。奇数羽状复叶互生，无绒毛和蜡粉；小叶 5 ～ 9 枚，多 7 ～ 9 枚，对生，卵圆形，先端渐尖，基部近圆形，无轴翅，轴刺鸡爪状；叶色浓绿，厚纸质，光滑，有波形褶皱，全缘，边缘具明显油腺点。花单性，无花冠，花轴绿色，萼片紫红色，柱头 3 ～ 5 个，浅红色，花柱中到长；孤雌生殖。蓇葖果球形，密生疣状突起的中到大腺体，果柄较短，一果柄着生果粒 1 ～ 3 粒；果穗较紧密，果实鲜红色，干制开裂后，外果皮鲜红色，内果皮黄白色。

物候期 早熟品种。陇南收集圃 3 月中旬萌芽，4 月上旬现蕾，4 月中下旬展叶、花盛开，5 月上旬坐果，5 月中下旬果迅速膨大，6 月上旬果实开始着色，油腺逐渐增多，种子变硬，7 月上中旬果实颜色完全由绿色变为丹红色，进入成熟期，8 月中旬到 9 月中旬，进入新梢二次生长期，9 月下旬新梢生长逐渐停止，10 月中下旬开始落叶，进入休眠期。

经济性状 果实产量中等，品质优良。

栽培特性 喜肥、喜干燥，耐旱、不耐积水，抗病虫害能力一般。

适宜栽培范围 全国花椒（红）产区均可栽植。

主干

花序

果实

叶片

椒树

新枝

第四章　四川花椒

陈善波　撰写

汉源花椒 *Zanthoxylum bungeanum* 'Hanyuanhuajiao'

别名贡椒、清椒、娃娃椒。汉源花椒历史悠久，唐代被列为贡品，故名"贡椒"。因其色泽丹红、粒大油重、芳香浓郁、醇麻爽口，畅销四川省内外，是中国国家地理标志产品。汉源花椒为四川省汉源县主栽品种，四川省审定林木良种，编号：川 S-SVZB-003-2012。2011 年陇南市经济林研究院花椒研究所以实生苗木从汉源县引进，现栽培于陇南市武都区马街镇官堆村花椒研究所种质资源圃。

品种特征 落叶灌木。树高 1～2m，树势开张。主干灰白色，光滑程度一般；皮孔扁圆形，较大，数量中等到密；无明显皮纹；具黑褐色扁皮刺，一般 2 片规则生长在芽点两边，基部隆起成厚基座；新生枝紫红色。奇数羽状复叶互生，无绒毛和蜡粉；小叶 5～11 枚，多 7～9 枚，对生，椭圆形，先端缺刻，基部近楔形，无轴翅，轴刺鸡爪状；叶色浓绿，厚纸质，光滑，向上卷曲，全缘，边缘具明显油腺点。花单性，无花冠，花轴、萼片均红绿色，柱头 3～4 个，红绿色，花柱较短；孤雌生殖。蓇葖果球形，疣状突起的腺体中等大小和密度，果柄较短，一果柄着生果粒 1～3 粒；果穗较紧密，果实酱红色，干制开裂后，外果皮深红色，内果皮黄白色。

物候期 早熟品种。陇南产区 3 月中旬萌芽，4 月上旬现蕾，4 月中下旬展叶、花盛开，5 月上旬坐果，5 月中下旬果迅速膨大，6 月上旬果实开始着色，油腺逐渐增多，种子变硬，7 月上中旬果实颜色完全由绿色变为丹红色，进入成熟期，8 月中旬到 9 月中旬，进入新梢二次生长期，9 月下旬新梢生长逐渐停止，10 月中下旬开始落叶，进入休眠期。

经济性状 果实产量高，品质优良。

栽培特性 喜肥、喜干燥，耐旱、不耐积水，抗寒能力一般。

适宜栽培范围 低海拔、冬季温暖的花椒（红）产区均可栽植。

果实　主干

新枝　叶片

花序

植株

汉源正路椒 *Zanthoxylum bungeanum* 'Hanyuanzhenglujiao'

四川省汉源县主栽品种。2017年陇南市经济林研究院花椒研究所以实生苗木从汉源县引进，现栽培于陇南市武都区马街镇官堆村花椒研究所种质资源圃。

品种特征　落叶灌木。树高1～2m，树势开张。主干灰白色，光滑程度一般；皮孔扁圆形，较大，数量中等到密；无明显皮纹；具黑褐色扁皮刺，一般2片规则生长在芽点两边，基部隆起成厚基座；新生枝紫红色。奇数羽状复叶互生，无绒毛和蜡粉；小叶5～9枚，多5～7枚，对生，椭圆形，先端缺刻，基部近楔形，无轴翅，轴刺鸡爪状；叶色浓绿，厚纸质，光滑，向上微卷，全缘，边缘具明显油腺点。花单性，无花冠，花轴、萼片均红绿色，柱头3～4个，红绿色，花柱较短；孤雌生殖。蓇葖果球形，疣状突起的腺体中等大小和密度，果柄较短，一果柄着生果粒1～3粒；果穗较紧密，果实酱红色，干制开裂后，外果皮深红色，内果皮黄白色。

物候期　早熟品种。陇南产区3月中旬萌芽，4月上旬现蕾，4月中下旬展叶、花盛开，5月上旬坐果，5月中下旬果迅速膨大，6月上旬果实开始着色，油腺逐渐增多，种子变硬，7月上中旬果实颜色完全由绿色变为丹红色，进入成熟期，8月中旬到9月中旬，进入新梢二次生长期，9月下旬新梢生长逐渐停止，10月中下旬开始落叶，进入休眠期。

经济性状　果实产量高，品质中上。

栽培特性　喜肥、喜干燥，耐旱、不耐积水，抗寒能力一般。

适宜栽培范围　低海拔、冬季温暖的花椒（红）产区均可栽植。

主干　花序

叶片

果实

新枝　植株

茂县花椒 *Zanthoxylum bungeanum* 'Maoxianhuajiao'

别名茂汶大红袍、西路椒。茂县花椒栽培历史悠久，品质优良，其果实以油重粒大、色泽红亮、芳香浓郁、醇麻可口的独特风味，在市场上享有较高声誉，是中国国家地理标志产品。为四川省茂县、汶川县一带主栽品种，河南省、陕西省有部分引种。四川省审定林木良种，编号：川 S-SVZB-003-2019。2011 年陇南市经济林研究院花椒研究所以实生苗木从茂县引进，现栽培于陇南市武都区马街镇官堆村花椒研究所种质资源圃。

品种特征　落叶灌木。树高 3～5m，树势半开张，成枝力强。主干灰白色，光滑；皮孔混合型，小而疏；无明显皮纹；具红褐色扁皮刺，2 到多片生长在芽点周围，基部宽度中等，不隆起或轻微隆起；新生枝红褐色。奇数羽状复叶互生，无绒毛和蜡粉；小叶 5～9 枚，多 5～7 枚，对生，卵圆形，先端渐尖，基部近圆形，无轴翅，轴刺鸡爪状且稀少；叶色浓绿、厚纸质、光滑、平整、全缘，边缘具明显油腺点。花单性，无花冠，花轴绿色，萼片红绿色，柱头 3～5 个，以 3～4 个为主，绿色，花柱中长；孤雌生殖。蓇葖果球形，着生中等密度和大小的疣状突起的腺体，果柄较短，一果柄着生果粒 1～3 粒，极少 4 粒；果穗较紧密，果实鲜红色，干制开裂后，外果皮鲜红色，内果皮黄白色。

物候期　早熟品种。陇南产区 3 月中旬萌芽，4 月上旬现蕾，4 月中下旬展叶、花盛开，5 月上旬坐果，5 月中下旬果迅速膨大，6 月上旬果实开始着色，油腺逐渐增多，种子变硬，7 月上中旬果实颜色完全由绿色变为丹红色，进入成熟期，8 月中旬到 9 月中旬，进入新梢二次生长期，9 月下旬新梢生长逐渐停止，10 月中下旬开始落叶，进入休眠期。

经济性状　果实产量高，品质优良。

栽培特性　喜肥、喜干燥、耐旱、不耐积水，抗病虫害能力弱。

适宜栽培范围　除个别高海拔、高纬度产区外，全国花椒（红）产区均可栽植。

果实

主干

新枝

叶片

植株

花序

第五章　陕西花椒

曹永红　撰写

凤县豆椒 *Zanthoxylum bungeanum* 'Fengxiandoujiao'

别名小红椒、小红袍、小椒子、米椒、马尾椒等，凤县产区地方品种。2015 年陇南市经济林研究院花椒研究所以实生苗木从凤县花椒试验站引进，现栽培于陇南市武都区马街镇官堆村花椒研究所种质资源圃。

品种特征　落叶灌木。树高 3～6m，树势直立，成枝力强。主干青灰色，光滑；皮孔扁圆形，数量中等；无明显皮纹；具灰褐色扁皮刺，2 片或多片生长在芽点周围，基部较宽，隆起明显；新生枝绿色。奇数羽状复叶互生，无绒毛和蜡粉；小叶 5～9 枚，多 7 枚，对生，卵圆形，先端渐尖，基部近圆形，无轴翅，具有正面针状、背面鸡爪状轴刺；叶色淡绿，厚纸质，光滑，平展，全缘，边缘具明显油腺点。花单性，无花冠，花轴绿色，萼片红绿色，柱头 3～4 个，红绿色，花柱中长；孤雌生殖。蓇葖果球形，疣状突起中等密度和大小的油腺，果柄中等，一果柄着生果粒 1～3 粒，极少 4 粒；果穗紧实程度中等，果实鲜红色，干制开裂后，外果皮鲜红色，内果皮白色。

物候期　中熟品种。陇南产区 3 月中下旬萌芽，4 月上中旬现蕾，4 月下旬展叶、花盛开，5 月上旬坐果，5 月中下旬果迅速膨大，6 月上旬果实开始着色，油腺逐渐增多，种子变硬，7 月下旬果实颜色完全由绿色变为红色，进入成熟期，8 月中旬到 9 月中旬，进入新梢二次生长期，9 月下旬新梢生长逐渐停止，10 月中下旬开始落叶，进入休眠期。

经济性状　果实产量中等偏高，品质一般。

栽培特性　耐瘠薄、耐旱、耐寒、耐阴，较耐水湿，树势强，抗病虫害能力强，是优良的砧木品种。

适宜栽培范围　全国花椒（红）产区均可栽植。

果实

新枝

花序

叶片

主干

植株

凤椒 *Zanthoxylum bungeanum* 'Fengjiao'

别名凤县大红袍。2015年陇南市经济林研究院花椒研究所以实生苗木从凤县花椒试验站引进，现栽培于陇南市武都区马街镇官堆村花椒研究所种质资源圃。

品种特征　落叶灌木。树高3～5m，树势半开张，成枝力强。主干青灰色，光滑；皮孔混合型，密度中等；无明显皮纹；具灰褐色扁皮刺，2到多片生长在芽点周围，基部较宽，隆起不明显；新生枝红褐色。奇数羽状复叶互生，无绒毛和蜡粉；小叶5～9枚，多5～7枚，对生，卵圆形，先端渐尖，基部近圆形，无轴翅，具有鸡爪状小轴刺；叶色浓绿，厚纸质，光滑，有波形褶皱，全缘，边缘具明显油腺点。花单性，无花冠，花轴绿色，萼片红绿色，柱头3～4个，绿色，花柱中长；孤雌生殖。蓇葖果球形，具有中等大小和密度的疣状突起的油腺，果柄较短，一果柄着生果粒1～3粒，极少4粒；果穗较紧密，果实鲜红色，干制开裂后，外果皮鲜红色，内果皮淡黄色。

物候期　早熟品种。陇南产区3月中旬萌芽，4月上旬现蕾，4月中下旬展叶、花盛开，5月上旬坐果，5月中下旬果迅速膨大，6月上旬果实开始着色，油腺逐渐增多，种子变硬，7月上中旬果实颜色完全由绿色变为丹红色，进入成熟期，8月中旬到9月中旬，进入新梢二次生长期，9月下旬新梢生长逐渐停止，10月中下旬开始落叶，进入休眠期。

经济性状　果实产量中等偏高，品质优良。

栽培特性　喜肥、喜干燥，耐旱、不耐积水，抗病虫害能力弱。

适宜栽培范围　除个别高海拔、高纬度产区外，全国花椒（红）产区均可栽植。

花序

果实

叶片

新枝

植株

主干

凤县野花椒 *Zanthoxylum bungeanum* 'Fengxianyehuajiao'

主要分布于陕西省凤县、甘肃省两当县周围。2015年陇南市经济林研究院花椒研究所以实生苗木从凤县花椒试验站引进，现栽培于陇南市武都区马街镇官堆村花椒研究所种质资源圃。

品种特征 落叶灌木。树高2～4m，树势开张，成枝力强。主干黑褐色，粗糙程度中等；皮孔扁圆形，密度中等；皮纹明显；具灰褐色针状皮刺，2到多片生长在芽点周围，基部较宽，隆起明显；新生枝红绿色。奇数羽状复叶互生，无绒毛和蜡粉；小叶5～11枚，多7～9枚，对生，椭圆形，先端渐尖，基部近圆形，无轴翅，轴刺鸡爪状；叶色亮绿，厚纸质，光滑，向上微卷，全缘，边缘具明显油腺点。花单性，无花冠，花轴红绿色，萼片紫红色，柱头3～4个，绿色，花柱长度中等；孤雌生殖。蓇葖果球形，具有中等大小和密度的疣状突起的油腺，果柄中等，一果柄着生果粒1～3粒，极少4粒；果穗较紧密，果实淡红色，干制开裂后，外果皮淡红色，内果皮白色。

物候期 晚熟品种。陇南产区3月中旬萌芽，4月上旬现蕾，4月中下旬展叶、花盛开，5月上旬坐果，6月上旬果迅速膨大，8月上旬果实开始着色，油腺逐渐增多，种子变硬，9月中旬果实颜色完全由绿色变为褐红色，进入成熟期，8月中旬到9月中旬，进入新梢二次生长期，9月下旬新梢生长逐渐停止，10月中下旬开始落叶，进入休眠期。

经济性状 果实产量低，果皮有明显腥膻味，品质较差。

栽培特性 耐瘠薄、耐旱、耐寒、耐阴，较耐水湿，树势强，抗病虫害能力强，是优良的砧木品种。

适宜栽培范围 全国花椒（红）产区均可栽植。

花序

果实

主干

植株

叶片

新枝

南强一号 *Zanthoxylum bungeanum* 'Nanqiangyihao'

陕西省韩城市选育出的丰产性能较好的一个品种，主要栽培于陕西、山西等地。2011 年陇南市经济林研究院花椒研究所以实生苗木从韩城市花椒研究所引进，现栽培于陇南市武都区马街镇官堆村花椒研究所种质资源圃。

品种特征　落叶灌木。树高 3～5m，树势半开张，成枝力强。主干黑褐色，光滑程度中等；皮孔混合型，中等大小和密度；皮纹明显；具灰褐色扁皮刺，2 到多片生长在芽点周围，基部较窄，隆起大而明显；新生枝红褐色。奇数羽状复叶互生，无绒毛和蜡粉；小叶 5～9 枚，多 5～7 枚，对生，卵圆形，先端渐尖，基部近圆形，无轴翅，轴刺鸡爪状；叶色浓绿，厚纸质，光滑，有波形褶皱，全缘，边缘具明显油腺点。花单性，无花冠，花轴绿色，萼片绿色，柱头 3～5 个，绿色，花柱中长；孤雌生殖。蓇葖果球形，密生疣状突起的较大腺体，果柄中等长度，一果柄着生果粒 1～3 粒，极少 4 粒；果穗中到密，果实鲜红色，干制开裂后，外果皮鲜红色，内果皮黄白色。

物候期　中熟品种。陇南收集圃 3 月中旬萌芽，4 月上旬现蕾，4 月中下旬展叶、花盛开，5 月上旬坐果，5 月下旬果迅速膨大，6 月中旬果实开始着色，油腺逐渐增多，种子变硬，7 月中下旬果实颜色完全由绿色变为红色，进入成熟期，8 月中旬到 9 月中旬，进入新梢二次生长期，9 月下旬新梢生长逐渐停止，10 月中下旬开始落叶，进入休眠期。

经济性状　果实产量高，品质中等。

栽培特性　喜肥、喜干燥，耐旱、不耐积水，抗病虫害能力中等。

适宜栽培范围　全国花椒（红）产区均可栽植。

主干

花序

新枝

果实

植株

叶片

狮子头 *Zanthoxylum bungeanum* 'Shizitou'

陕西省韩城市从韩城大红袍中选育出的优良品种，主要栽培于陕西、山西、河南等地。2011年陇南市经济林研究院花椒研究所以实生苗木从韩城市花椒研究所引进，现栽培于陇南市武都区马街镇官堆村花椒研究所种质资源圃。

品种特征 落叶灌木。树高3～5m，树势半开张，成枝力强。主干灰白色，比较光滑；皮孔扁圆形，着生中等密度，大小中等；皮纹不明显；具灰褐色扁皮刺，2到多片生长在芽点周围，基部较窄，隆起大而明显；新生枝红褐色。奇数羽状复叶互生，无绒毛和蜡粉；小叶5～9枚，多7～9枚，对生，卵圆形，先端渐尖，基部近圆形，无轴翅，轴刺鸡爪形且小；叶色浓绿，厚纸质，光滑，微向上卷曲，全缘，边缘具明显油腺点。花单性，无花冠，花轴绿色，萼片红绿色，柱头3～5，绿色，花柱中长；孤雌生殖。蓇葖果球形，着生有中等大小和密度的疣状突起油腺，果柄中等长度，一果柄着生果粒1～3粒，极少4粒；果穗密，果实鲜红色，干制开裂后，外果皮鲜红色，内果皮黄白色。

物候期 中熟品种。陇南产区3月中旬萌芽，4月上旬现蕾，4月中下旬展叶、花盛开，5月上旬坐果，5月中下旬果迅速膨大，6月上旬果实开始着色，油腺逐渐增多，种子变硬，7月中旬果实颜色完全由绿色变为红色，进入成熟期，8月中旬到9月中旬，进入新梢二次生长期，9月下旬新梢生长逐渐停止，10月中下旬开始落叶，进入休眠期。

经济性状 果实产量较高，果皮较薄，干制率较低，品质中等。

栽培特性 喜肥、喜干燥，耐旱、不耐积水，抗病虫害能力一般。

适宜栽培范围 全国花椒（红）产区均可栽植。

主干　新枝

花序　果实　叶片

植株

韩城无刺 *Zanthoxylum bungeanum* 'Hanchengwuci'

陕西省韩城市从韩城大红袍中选育出的优良品种，主要栽植于陕西省韩城市。2011年陇南市经济林研究院花椒研究所以实生苗木从韩城市花椒研究所引进，现栽培于陇南市武都区马街镇官堆村花椒研究所种质资源圃。

品种特征 落叶灌木。树高3～5m，树势半开张，成枝力强。主干黑褐色，比较光滑；皮孔混合型，着生密，大小中等到大；皮纹有而不明显；具灰褐色扁皮刺，2到多片生长在芽点周围，基部较窄，隆起大而明显；新生枝红褐色。奇数羽状复叶互生，无绒毛和蜡粉；小叶5～9枚，多7～9枚，对生，卵圆形，先端渐尖，基部近圆形，无轴翅，轴刺鸡爪形且小；叶色浓绿，厚纸质，光滑，平整，全缘，边缘具明显油腺点。花单性，无花冠，花轴绿色，萼片红绿色，柱头3～5个，多3～4个，绿色，花柱长度中等；孤雌生殖。蓇葖果球形，着生有中等大小和密度的疣状突起油腺，果柄长度中等，一果柄着生果粒1～3粒，极少4粒；果穗密，果实淡红色，干制开裂后，外果皮丹红色，内果皮黄白色。

物候期 中熟品种。陇南产区3月中旬萌芽，4月上旬现蕾，4月中下旬展叶、花盛开，5月上旬坐果，5月中下旬果迅速膨大，6月上旬果实开始着色，油腺逐渐增多，种子变硬，7月中旬果实颜色完全由绿色变为红色，进入成熟期，8月中旬到9月中旬，进入新梢二次生长期，9月下旬新梢生长逐渐停止，10月中下旬开始落叶，进入休眠期。

经济性状 果实产量较高，品质中等。

栽培特性 喜肥、喜干燥，耐旱、不耐积水，抗病虫害能力一般。

适宜栽培范围 全国花椒（红）产区均可栽植。

主干　植株

果实　花序

叶片

新枝

府谷花椒 *Zanthoxylum bungeanum* 'Fuguhuajiao'

陕西省府谷县地方主栽品种。2015年陇南市经济林研究院花椒研究所以实生苗木从凤县花椒试验站引进，现栽培于陇南市武都区马街镇官堆村花椒研究所种质资源圃。

品种特征　落叶灌木。树高2～3m，树势开张，成枝力强。主干灰白色，瘤状突起明显，随着树龄的增长不断增大；皮孔混合型，着生中到密，大小中等到大；皮纹有而不明显；具灰褐色扁皮刺，2到多片生长在芽点周围，基部较窄，隆起大而明显；新生枝紫红色。奇数羽状复叶互生，无绒毛和蜡粉；小叶7～11枚，多7～9枚，对生，椭圆形，先端渐尖，基部近楔形，无轴翅，轴刺鸡爪状；叶色淡绿，厚纸质，光滑，向内微卷曲，全缘，边缘具明显油腺点。花单性，无花冠，花轴绿色，萼片红绿色，柱头3～5个，多3～4个，红绿色，花柱长度中到长；孤雌生殖。蓇葖果椭圆形，着生有中等密度的小疣状突起油腺，果柄长度中到长，一果柄着生果粒1～3粒；果穗疏，果实淡红色，干制开裂后，外果皮丹红色，内果皮白色。

物候期　晚熟品种。陇南产区3月中旬萌芽，4月上旬现蕾，4月中下旬展叶、花盛开，5月上旬坐果，6月上旬果迅速膨大，8月上旬果实开始着色，油腺逐渐增多，种子变硬，9月中旬果实颜色完全由绿色变为褐红色，进入成熟期，8月中旬到9月中旬，进入新梢二次生长期，9月下旬新梢生长逐渐停止，10月中下旬开始落叶，进入休眠期。

经济性状　果实产量低，品质中等。

栽培特性　喜肥、喜干燥，耐旱、不耐积水，抗病虫害能力强，可以作为优良的砧木品种。

果实 主干

新枝 叶片

植林 花序

第六章 西农品种*

任苗 撰写

* 西北农林科技大学选育的花椒无性系。

党村无刺 Zanthoxylum bungeanum 'Dangcunwuci'

西北农林科技大学选育的无性系，2018年以实生苗在陇南市武都区马街镇官堆村花椒研究所种质资源圃建立区试点。

品种特征 落叶灌木。树高3～5m，树势半开张，成枝力强。主干青灰色，光滑；皮孔混合型，密度中等；皮纹有而不明显；具红褐色针状皮刺或基部较窄的扁皮刺，2到多片生长在芽点周围，基座隆起有而不明显；新生枝红褐色。奇数羽状复叶互生，无绒毛和蜡粉；小叶7～11枚，多7～9枚，对生，椭圆形，先端渐尖，基部近圆形，无轴翅和轴刺；叶色浓绿，厚纸质，光滑，向上卷曲，全缘，边缘具明显油腺点。花单性，无花冠，花轴绿色，萼片红绿色，柱头3～5个，多3～4个，绿色，花柱长度中等；孤雌生殖。蓇葖果球形，具有中等大小和密度的疣状突起的油腺，果柄较短，一果柄着生果粒1～3粒，极少4粒；果穗较紧密，果实亮红色，干制开裂后，外果皮鲜红色，内果皮黄白色。

物候期 中熟品种。陇南产区3月中旬萌芽，4月上旬现蕾，4月中下旬展叶、花盛开，5月上旬坐果，5月中下旬果迅速膨大，6月上旬果实开始着色，油腺逐渐增多，种子变硬，7月中旬果实颜色完全由绿色变为红色，进入成熟期，8月中旬到9月中旬，进入新梢二次生长期，9月下旬新梢生长逐渐停止，10月中下旬开始落叶，进入休眠期。

经济性状 果实产量中等，品质中等。

栽培特性 喜肥、喜干燥，耐旱、不耐积水，抗病虫害能力弱。

适宜栽培范围 全国花椒（红）产区均可栽植。

果实

主干

新枝

叶片

植株

花序

凤选 1 号 *Zanthoxylum bungeanum* 'Fengxuanyihao'

西北农林科技大学选育的无性系，2018 年以实生苗在陇南市武都区马街镇官堆村花椒研究所种质资源圃建立区试点。

品种特征　落叶灌木。树高 3～5m，树势半开张，成枝力强。主干青灰色，光滑；皮孔混合型，密度中等；无明显皮纹；具灰褐色扁皮刺，2 到多片生长在芽点周围，基部较宽，隆起明显；新生枝红褐色。奇数羽状复叶互生，无绒毛和蜡粉；小叶 5～9 枚，多 7～9 枚，对生，卵圆形，先端渐尖，基部近圆形，无轴翅，具有鸡爪状小轴刺；叶色浓绿，厚纸质，光滑，有波形褶皱，全缘，边缘具明显油腺点。花单性，无花冠，花轴红绿色，萼片紫红色，柱头 3～5 个，红绿色，花柱中长；孤雌生殖。蓇葖果球形，具有中等大小和密度的疣状突起的油腺，果柄中等，一果柄着生果粒 1～3 粒，极少 4 粒；果穗较紧密，果实鲜红色，干制开裂后，外果皮鲜红色，内果皮淡黄色。

物候期　早熟品种。陇南产区 3 月中旬萌芽，4 月上旬现蕾，4 月中下旬展叶、花盛开，5 月上旬坐果，5 月中下旬果迅速膨大，6 月上旬果实开始着色，油腺逐渐增多，种子变硬，7 月上中旬果实颜色完全由绿色变为丹红色，进入成熟期，8 月中旬到 9 月中旬，进入新梢二次生长期，9 月下旬新梢生长逐渐停止，10 月中下旬开始落叶，进入休眠期。

经济性状　果实产量中等偏高，品质好。

栽培特性　喜肥、喜干燥，耐旱、不耐积水，抗病虫害能力弱。

适宜栽培范围　全国花椒（红）产区均可栽植。

主干　植株

花序　新枝

叶片　果实

西农 1 号 *Zanthoxylum bungeanum* 'Xinongyihao'

西北农林科技大学选育的无性系，2018 年以实生苗在陇南市武都区马街镇官堆村花椒研究所种质资源圃建立区试点。

品种特征 落叶灌木。树高 2 ～ 3m，树势开张，成枝力强。主干灰绿色，瘤状突起有而稀疏，随着树龄的增长不断增大；皮孔混合型，着生中到密，大小中等；皮纹有而不明显；具灰褐色扁皮刺，2 到多片生长在芽点周围，基部较窄，隆起大而明显；新生枝紫红色。奇数羽状复叶互生，无绒毛和蜡粉；小叶 5 ～ 9 枚，多 7 ～ 9 枚，对生，椭圆形，先端缺刻，基部近圆形，无轴翅，轴刺鸡爪状；叶色浓绿色，厚纸质，光滑，向上卷曲，全缘，边缘具明显油腺点。花单性，无花冠，花轴绿色，萼片红绿色，柱头 3 ～ 5 个，多 3 ～ 4 个，绿色，花柱长度中等；孤雌生殖。蓇葖果球形，着生有中等密度的小疣状突起油腺，果柄长度中到长，一果柄着生果粒 1 ～ 3 粒；果穗疏，果实淡红色，干制开裂后，外果皮丹红色，内果皮白色。

物候期 晚熟品种。陇南产区 3 月中旬萌芽，4 月上旬现蕾，4 月中下旬展叶、花盛开，5 月上旬坐果，6 月上旬果迅速膨大，8 月上旬果实开始着色，油腺逐渐增多，种子变硬，9 月中旬果实颜色完全由绿色变为褐红色，进入成熟期，8 月中旬到 9 月中旬，进入新梢二次生长期，9 月下旬新梢生长逐渐停止，10 月中下旬开始落叶，进入休眠期。

经济性状 果实产量中等，品质中等。

栽培特性 喜肥、喜干燥，耐旱、不耐积水，抗病虫害能力强，可以作为优良的砧木品种。

适宜栽培范围 全国花椒（红）产区均可栽植。

果实　主干

花序

新枝　叶片

植株

西农 2 号 *Zanthoxylum bungeanum* ‘Xinongyihao’

西北农林科技大学选育的无性系，2018 年以实生苗在陇南市武都区马街镇官堆村花椒研究所种质资源圃建立区试点。

品种特征 落叶灌木。树高 2～4m，树势开张，成枝力强。主干灰绿色，中等粗糙，瘤状突起不明显，随着树龄的增长不断增大；皮孔混合型，着生密，大小中等到大；皮纹有而不明显；具灰褐色扁皮刺，2 到多片生长在芽点周围，基部较窄，隆起大而明显；新生枝紫红色。奇数羽状复叶互生，无绒毛和蜡粉；小叶 7～11 枚，多 7～9 枚，对生，椭圆形，先端渐尖，基部近圆形，无轴翅，轴刺鸡爪状；老枝也深绿，叶片大而浓密，新枝叶色淡绿而且小，厚纸质，光滑，向下微卷曲，全缘，边缘具明显油腺点。花单性，无花冠，花轴绿色，萼片红绿色，柱头 3～4 个，花柱长度短到中等；孤雌生殖。蓇葖果球形，着生有中等密度的小疣状突起油腺，果柄长度中到长，一果柄着生果粒 1～3 粒；果穗疏，果实淡红色，干制开裂后，外果皮丹红色，内果皮白色。

物候期 晚熟品种。陇南产区 3 月中旬萌芽，4 月上旬现蕾，4 月中下旬展叶、花盛开，5 月上旬坐果，6 月上旬果迅速膨大，8 月上旬果实开始着色，油腺逐渐增多，种子变硬，9 月中旬果实颜色完全由绿色变为褐红色，进入成熟期，8 月中旬到 9 月中旬，进入新梢二次生长期，9 月下旬新梢生长逐渐停止，10 月中下旬开始落叶，进入休眠期。

经济性状 果实产量低，品质中等。

栽培特性 喜肥、喜干燥，耐旱、不耐积水，抗病虫害能力强，可以作为优良的砧木品种。叶片着生浓密，未来可向叶片利用方向开发选育。

适宜栽培范围 全国花椒（红）产区均可栽植。

果实　主干

新枝　叶片

植株　花序

仡佬无刺 *Zanthoxylum bungeanum* 'Gelaowuci'

西北农林科技大学选育的无性系，2018年以实生苗在陇南市武都区马街镇官堆村花椒研究所种质资源圃建立区试点。

品种特征 落叶灌木。树高3～5m，树势半开张，成枝力强。主干青绿色，光滑；皮孔扁圆形，密度中等；皮纹有而不明显；具红褐色扁皮刺，2到多片生长在芽点周围，基座隆起有而明显；新生枝紫红色。奇数羽状复叶互生，无绒毛和蜡粉；小叶7～9枚，多7枚，对生，卵圆形，先端渐尖，基部近圆形，无轴翅和轴刺；叶色浓绿，厚纸质，光滑，向内卷曲，全缘，边缘具明显油腺点。花单性，无花冠，花轴绿色，萼片红绿色，柱头3～4个，绿色，花柱长度中等；孤雌生殖。蓇葖果球形，具有中等大小和密度的疣状突起的油腺，果柄中等，一果柄着生果粒1～3粒；果穗较紧密，果实鲜红色，干制开裂后，外果皮鲜红色，内果皮黄白色。

物候期 中熟品种。陇南产区3月中旬萌芽，4月上旬现蕾，4月中下旬展叶、花盛开，5月上旬坐果，5月中下旬果迅速膨大，6月上旬果实开始着色，油腺逐渐增多，种子变硬，7月中旬果实颜色完全由绿色变为红色，进入成熟期，8月中旬到9月中旬，进入新梢二次生长期，9月下旬新梢生长逐渐停止，10月中下旬开始落叶，进入休眠期。

经济性状 果实产量中等，品质中等。

栽培特性 喜肥、喜干燥，耐旱、不耐积水，抗病虫害能力一般。

适宜栽培范围 全国花椒（红）产区均可栽植。

主干

果实

花序

叶片

新枝

植株

韩大 2 号 *Zanthoxylum bungeanum* 'Handaerhao'

西北农林科技大学选育的无性系，2018 年以实生苗在陇南市武都区马街镇官堆村花椒研究所种质资源圃建立区试点。

品种特征　落叶灌木。树高 3 ～ 6m，树势半开张，成枝力强。主干黑褐色，比较光滑；皮孔混合型，着生密，大小中等到大；皮纹有而不明显；具灰褐色扁皮刺，2 到多片生长在芽点周围，基部较窄，隆起大而明显；新生枝绿色。奇数羽状复叶互生，无绒毛和蜡粉；小叶 5 ～ 11 枚，多 7 ～ 9 枚，对生，卵圆形，先端渐尖，基部近圆形，无轴翅，轴刺针状；叶色浓绿，厚纸质，光滑，向上微卷，全缘，边缘具明显油腺点。花单性，无花冠，花轴绿色，萼片绿色，柱头 3 ～ 5 个，多 3 ～ 4 个，绿色，花柱长度中等；孤雌生殖。蓇葖果球形，着生有中等密度的小疣状突起油腺，果柄长度中等，一果柄着生果粒 1 ～ 3 粒，极少 4 粒；果穗密，果实淡红色，干制开裂后，外果皮丹红色，内果皮黄白色。

物候期　中熟品种。陇南产区 3 月中旬萌芽，4 月上旬现蕾，4 月中下旬展叶、花盛开，5 月上旬坐果，5 月中下旬果迅速膨大，6 月上旬果实开始着色，油腺逐渐增多，种子变硬，7 月中旬果实颜色完全由绿色变为红色，进入成熟期，8 月中旬到 9 月中旬，进入新梢二次生长期，9 月下旬新梢生长逐渐停止，10 月中下旬开始落叶，进入休眠期。

经济性状　果实产量中等，品质中等。

栽培特性　喜肥、喜干燥，耐旱、不耐积水，抗病虫害能力一般。

适宜栽培范围　全国花椒（红）产区均可栽植。

主干

果实

花序

叶片

植株　新枝

西农无刺 *Zanthoxylum bungeanum* 'Xinongwuci'

西北农林科技大学选育的新品种，2018 年以实生苗在陇南市武都区马街镇官堆村花椒研究所种质资源圃建立区试点。

品种特征 落叶灌木。树高 3 ～ 5m，树势半开张，成枝力强。主干灰褐色，比较光滑；皮孔混合型，着生密，大小中等到大；皮纹不明显；具灰褐色扁皮刺，2 到多片生长在芽点周围，基部较窄，隆起大而明显；新生枝红褐色。奇数羽状复叶互生，无绒毛和蜡粉；小叶 5 ～ 11 枚，多 7 ～ 9 枚，对生，卵圆形，先端渐尖，基部近圆形，无轴翅，轴刺鸡爪形且小；叶色深绿，厚纸质，光滑，向上微卷，全缘，边缘具明显油腺点。花单性，无花冠，花轴绿色，萼片红绿色，柱头 3 ～ 4 个，绿色，花柱长度中等；孤雌生殖。蓇葖果球形，着生有中等密度的大疣状突起油腺，果柄长度中等，一果柄着生果粒 1 ～ 3 粒；果穗密，果实淡红色，干制开裂后，外果皮丹红色，内果皮黄白色。

物候期 中熟品种。陇南产区 3 月中旬萌芽，4 月上旬现蕾，4 月中旬展叶、花盛开，5 月上旬坐果，5 月中下旬果迅速膨大，6 月上旬果实开始着色，油腺逐渐增多，种子变硬，7 月中旬果实颜色完全由绿色变为红色，进入成熟期，8 月中旬到 9 月中旬，进入新梢二次生长期，9 月下旬新梢生长逐渐停止，10 月中下旬开始落叶，进入休眠期。

经济性状 果实产量中等到高，品质中等。

栽培特性 喜肥、喜干燥，耐旱、不耐积水，抗病虫害能力一般。

适宜栽培范围 全国花椒（红）产区均可栽植。

主干

花序

果实

叶片

植株　新枝

野选 1 号 *Zanthoxylum bungeanum* 'Yexuanyihao'

西北农林科技大学选育的无性系，2018 年以实生苗在陇南市武都区马街镇官堆村花椒研究所种质资源圃建立区试点。

品种特征 落叶灌木。树高 3 ～ 5m，树势半开张，成枝力强。主干青灰色，光滑程度一般；皮孔混合型，着生中到密，大小中等；皮纹不明显；具灰褐色近针状刺，2 到多片生长在芽点周围，基部较窄，隆起大而明显；新生枝绿色。奇数羽状复叶互生，无绒毛和蜡粉；小叶 9 ～ 11 枚，对生，椭圆形，先端渐尖，基部近圆形，无轴翅，轴刺鸡爪形且小；叶色深绿，厚纸质，光滑，向上微卷，全缘，边缘具明显油腺点。花单性，无花冠，花轴绿色，萼片红绿色，柱头 3 ～ 4 个，绿色，花柱长度中等；孤雌生殖。蓇葖果椭圆形，着生有中等密度的大疣状突起油腺，果柄长度中等，一果柄着生果粒 1 ～ 3 粒；果穗中到密，果实淡红色，干制开裂后，外果皮淡红色，内果皮白色。

物候期 晚熟品种。陇南产区 3 月中旬萌芽，4 月上旬现蕾，4 月中下旬展叶、花盛开，5 月上旬坐果，6 月上旬果迅速膨大，8 月上旬果实开始着色，油腺逐渐增多，种子变硬，9 月中旬果实颜色完全由绿色变为褐红色，进入成熟期，8 月中旬到 9 月中旬，进入新梢二次生长期，9 月下旬新梢生长逐渐停止，10 月中下旬开始落叶，进入休眠期。

经济性状 果实产量中等，果皮有明显腥膻味，品质较差。

栽培特性 耐瘠薄、耐旱、耐寒、耐阴，较耐水湿，树势强，抗病虫害能力强，是优良的砧木品种。

适宜栽培范围 全国花椒（红）产区均可栽培。

新枝

主干　果实

花序　植株

叶片

第七章　青花椒

任苗　撰写

藤椒 *Zanthoxylum armatum* 'Tengjiao'

　　藤椒为竹叶花椒中的一个栽培品种，主要分布于四川省眉山市、乐山市一带，重庆、云南、贵州、湖北、湖南有部分引种。四川省审定林木良种，编号：川S-SVZA-001-2014。2017年陇南市经济林研究院花椒研究所以实生苗木从乐山市引进，现栽培于陇南市武都区马街镇官堆村花椒研究所种质资源圃。2017年文县勇荣经济林种植农民专业合作社以种子引入，有少量栽培。

　　品种特征　半落叶小乔木。树高2～4m，树势开张，成枝力强。主干暗灰褐色，较光滑；皮孔扁圆形，中等大小和密度；皮纹不明显；具褐色扁平皮刺，2到多片生长在芽点周围，基部隆起不明显；新生枝绿色。奇数羽状复叶互生，无绒毛和蜡粉；小叶3～9枚，偶见11枚，对生，披针形，先端渐尖，基部近楔形，具有轴翅，轴刺针状；叶色浓绿，厚纸质，光滑，全缘，具明显油腺点。花单性，花被片4～8枚，一轮排列，雄蕊4～8枚，心皮背部顶侧有1个较大油点，花柱分离，向背弯曲，聚伞圆锥花序，多腋生，偶见侧枝之顶，无花冠，花轴绿色，萼片绿色，柱头2～3个，绿色，花柱中等长度。蓇葖果球形，着生有中等密度和大小的突起腺体，果柄短，一果柄着生果粒1～3粒；果穗紧密，果实暗红色，干制开裂后，外果皮暗红色，内果皮白色。

　　物候期　晚熟品种。陇南产区3月中旬萌芽，4月上旬现蕾，4月中下旬展叶，6月中下旬花盛开，7月中旬坐果，7月下旬果迅速膨大，8月上旬果实开始着色，油腺逐渐增多，种子变硬，9月中旬果实颜色完全由绿色变为紫红色，进入成熟期，8月中旬到9月中旬，进入新梢二次生长期，9月下旬新梢生长逐渐停止，10月中下旬进入休眠期。

　　经济性状　丰产性能好，品种优良。

　　栽培特性　喜光，比较耐旱，树势强，抗病虫害能力中等。

　　适宜栽培范围　全国青花椒产区均可栽培。

果实

花序

新枝

叶片

植株

主干

九叶青 *Zanthoxylum armatum* 'Jiuyeqing'

　　重庆市江津区培育的青花椒品种，主产重庆，在全国青花椒产区均有引种分布。2004 年，陇南市武都区花椒服务中心首次引进。2011 年，陇南市经济林研究院花椒研究所从重庆市江津区引进九叶青苗木，现栽培于陇南市武都区马街镇官堆村花椒研究所种质资源圃。武都区花椒服务中心在 2014 年和 2017 年两次从重庆市江津区引进苗木，在枫相乡进行了栽培，仅有零星植株留存。2017 年文县勇荣经济林种植农民专业合作社从重庆市江津区引进九叶青花椒在文县范坝镇前山村建成 200 亩标准化栽培管理示范基地。2018 年康县大堡镇街道村从四川省广元县引进青花椒进行试种，未能成功。

　　品种特征　半落叶小乔木。树高 2 ～ 4m，树势开张，成枝力强。主干黑棕色，粗糙；皮孔扁圆形，中等大小和密度；皮纹明显；具红褐色扁平皮刺，2 到多片生长在芽点周围，基部隆起不明显；新生枝绿色。奇数羽状复叶互生，无绒毛和蜡粉；小叶 5 ～ 9 枚，多 9 枚，对生，披针形，先端渐尖，基部近楔形，具有轴翅，轴刺针状；叶色浓绿，厚纸质，光滑，微向上卷曲，全缘，具明显油腺点。花单性，无花冠，花轴绿色，萼片绿色，柱头 2 ～ 3 个，绿色，花柱中等长度。蓇葖果球形，着生有中等密度和大小的突起腺体，果柄短，一果柄着生果粒 1 ～ 3 粒；果穗紧密，果实紫红色，干制开裂后，外果皮紫红色，内果皮白色。

　　物候期　晚熟品种。陇南产区 3 月中旬萌芽，4 月上旬现蕾，4 月中下旬展叶，6 月中下旬花盛开，7 月中旬坐果，7 月下旬果迅速膨大，8 月上旬果实开始着色，油腺逐渐增多，种子变硬，9 月中旬果实颜色完全由绿色变为紫红色，进入成熟期，8 月中旬到 9 月中旬，进入新梢二次生长期，9 月下旬新梢生长逐渐停止，10 月中下旬进入休眠期。

　　经济性状　果实产量高，果皮中熟期具明显清香味，完全成熟后有轻微腥膻味，品质中上。

栽培特性　喜温、喜光，耐旱怕涝，忌风，萌发力强，树势强，抗病虫害能力一般。

适宜栽培范围　全国青花椒产区均可栽培。

果实　花序　新枝

叶片　植株　主干

七叶青 *Zanthoxylum armatum* 'Qiyeqing'

主要栽植于云南青花椒产区，在全国青花椒产区均有引种分布。2013年陇南市经济林研究院花椒研究所以实生苗木从云南林业科学院引进实生苗木，栽培于陇南市经济林研究院本部大棚，生长表现良好，由于大棚改造，现已移除。

品种特征　半落叶小乔木。树高2～4m，树势开张，成枝力强。主干青绿色，光滑；皮孔扁圆形，中等大小和密度；皮纹不明显；具红褐色扁平皮刺，2到多片生长在芽点周围，基部隆起明显，部分刺尖端形成弯钩；新生枝绿色。奇数羽状复叶互生，无绒毛和蜡粉；小叶5～7枚，多7枚，对生，披针形，先端渐尖，基部近楔形，具有轴翅，轴刺针状；叶色浓绿，厚纸质，光滑，平展，全缘，具明显油腺点。花单性，无花冠，花轴绿色，萼片绿色，柱头2～3个，绿色，花柱中等长度。蓇葖果球形，着生有中等密度和大小的突起腺体，果柄短，一果柄着生果粒1～3粒；果穗紧密，果实紫红色，干制开裂后，外果皮紫红色，内果皮白色。

物候期　晚熟品种。陇南产区3月中旬萌芽，4月上旬现蕾，4月中下旬展叶，6月中下旬花盛开，7月中旬坐果，7月下旬果迅速膨大，8月上旬果实开始着色，油腺逐渐增多，种子变硬，9月中旬果实颜色完全由绿色变为紫红色，进入成熟期，8月中旬到9月中旬，进入新梢二次生长期，9月下旬新梢生长逐渐停止，10月中下旬进入休眠期。

经济性状　果实产量低，果皮有明显腥膻味，品质较差。

栽培特性　喜温、喜光，耐旱怕涝，忌风，萌发力强，树势强，抗病虫害能力一般。

适宜栽培范围　全国青花椒产区均可栽培。

主干　叶片

新枝　果实

植株

第八章 日本花椒

曹永红 撰写

朝仓山椒 *Zanthoxylum piperitum* 'Chaocangshanjiao'

日本花椒主要栽培品种。河北林科院 2001 年从日本引进我国。2011 年陇南市经济林研究院花椒研究所以接穗从河北林科院引进，现栽培于陇南市武都区马街镇官堆村花椒研究所种质资源圃。

品种特征 落叶灌木。树高 3～4m，树势半开张，成枝力强。主干灰白色，粗糙；皮孔混合型，小而疏；皮纹明显；无皮刺；新生枝红绿色。奇数羽状复叶互生，无绒毛和蜡粉；小叶 9～15 枚，多 11～13 枚，对生，椭圆形，尖端凹缺，基部近圆形，无轴翅和轴刺；叶色淡绿，厚纸质，光滑，微向上卷曲，叶缘波状，边缘不具明显油腺点。花单性，无花冠，花轴红色，萼片绿色，柱头 2～4 个，紫红色，花柱短；需雄株受粉后结实。蓇葖果椭圆形，密被凹陷型小的腺体，果柄中等，一果柄着生果粒 1～3 粒；果穗较紧密，果实暗红色，干制开裂后，外果皮暗红色，内果皮白色。

物候期 晚熟品种。陇南产区 3 月中旬萌芽，4 月上旬现蕾，4 月中下旬展叶、花盛开，5 月上旬坐果，6 月上旬果迅速膨大，8 月上旬果实开始着色，油腺逐渐增多，种子变硬，9 月中旬果实颜色完全由绿色变为褐红色，进入成熟期，8 月中旬到 9 月中旬，进入新梢二次生长期，9 月下旬新梢生长逐渐停止，10 月中下旬开始落叶，进入休眠期。

经济性状 果实产量中等，果皮有柠檬味，风味明显异于中国花椒。品质中上。

栽培特性 耐瘠薄、耐旱，较耐阴，较耐水湿，较抗病虫危害。

适宜栽培范围 全国花椒产区均可试栽，但以青花椒产区表现更好。

果实

主干

新枝　叶片

花序

植株

琉锦山椒 *Zanthoxylum piperitum* 'Liujinshanjiao'

日本花椒主要栽培品种。2002 年河北林科院从日本引进我国。2009 年陇南市经济林研究院花椒研究所以嫁接苗木从山东省临朐县引进，现栽培于陇南市武都区马街镇官堆村花椒研究所种质资源圃。

品种特征 落叶灌木。树高 3 ～ 4m，树势半开张，成枝力强。主干灰色，粗糙；皮孔扁圆形，密而大；皮纹明显；无皮刺；新生枝青绿色。奇数羽状复叶互生，无绒毛和蜡粉；小叶 9 ～ 13 枚，多 9 ～ 11 枚，对生，椭圆形，尖端凹缺，基部近楔形，无轴翅和轴刺；叶色淡绿，厚纸质，光滑，叶缘波状，边缘不具明显油腺点。花单性，无花冠，花轴绿色，萼片绿色，柱头 2 ～ 4 个，绿色，花柱长度中等；需雄株受粉后结实。蓇葖果椭圆形，密被凹陷型小的腺体，果柄中等，一果柄着生果粒 1 ～ 3 粒；果穗较紧密，果实暗红色，干制开裂后，外果皮暗红色，内果皮白色。

物候期 晚熟品种。陇南产区 3 月中旬萌芽，4 月上旬现蕾，4 月中下旬展叶、花盛开，5 月上旬坐果，6 月上旬果迅速膨大，8 月上旬果实开始着色，油腺逐渐增多，种子变硬，9 月中旬果实颜色完全由绿色变为褐红色，进入成熟期，8 月中旬到 9 月中旬，进入新梢二次生长期，9 月下旬新梢生长逐渐停止，10 月中下旬开始落叶，进入休眠期。

经济性状 果实产量中等，果皮有柠檬味，风味明显异于中国花椒。品质中上。

栽培特性 耐瘠薄、耐旱，较耐阴，较耐水湿，较抗病虫危害。

适宜栽培范围 全国花椒产区均可试栽，但以青花椒产区表现更好。

主干

花序

新枝

植株

果实

叶片

葡萄山椒 *Zanthoxylum piperitum* 'Putaoshanjiao'

日本花椒主要栽培品种。2001 年河北林科院从日本引进我国。2012 年陇南市经济林研究院花椒研究所以嫁接苗木从河北林科院引进，现栽培于陇南市武都区马街镇官堆村花椒研究所种质资源圃。

品种特征 落叶灌木。树高 3 ~ 4m，树势半开张，成枝力强。主干灰色，粗糙；皮孔扁圆形，密而大；皮纹明显；无皮刺；新生枝青绿色。奇数羽状复叶互生，无绒毛和蜡粉；小叶 11 ~ 17 枚，多 13 ~ 15 枚，对生，椭圆形，尖端凹缺，基部近圆形，无轴翅和轴刺；叶色淡绿，厚纸质，光滑，叶缘波状，边缘不具明显油腺点。花单性，无花冠，花轴绿色，萼片绿色，柱头 2 ~ 4 个，绿色，花柱长度中等；需雄株受粉后结实。蓇葖果椭圆形，密被凹陷型小的腺体，果柄中等，一果柄着生果粒 1 ~ 3 粒；果穗较紧密，果实橘红色，干制开裂后，外果皮橘红色，内果皮白色。

物候期 晚熟品种。陇南产区 3 月中旬萌芽，4 月上旬现蕾，4 月中下旬展叶、花盛开，5 月上旬坐果，6 月上旬果迅速膨大，8 月上旬果实开始着色，油腺逐渐增多，种子变硬，9 月中旬果实颜色完全由绿色变为褐红色，进入成熟期，8 月中旬到 9 月中旬，进入新梢二次生长期，9 月下旬新梢生长逐渐停止，10 月中下旬开始落叶，进入休眠期。

经济性状 果实产量中等，果皮有柠檬味，风味明显异于中国花椒。品质中上。

栽培特性 耐瘠薄、耐旱，较耐阴，较耐水湿，较抗病虫危害。

适宜栽培范围 全国花椒产区均可试栽，但以青花椒产区表现更好。

主干

植株

新枝

叶片

花序

果实

花山椒 *Zanthoxylum piperitum* 'Huashanjiao'

日本花椒雄株。2002年河北林科院从日本引进我国。2012年陇南市经济林研究院花椒研究所以接穗从河北林科院引进，现栽培于陇南市武都区马街镇官堆村花椒研究所种质资源圃。

品种特征　落叶灌木。树高3～4m，树势半开张，成枝力强。主干灰白色，粗糙；皮孔扁圆形，小而疏；皮纹明显；无皮刺；新生枝紫红色。奇数羽状复叶互生，无绒毛和蜡粉；小叶11～15枚，多11～13枚，对生，椭圆形，尖端凹缺，基部近楔形，无轴翅和轴刺；叶色淡绿，厚纸质，光滑，叶缘波状，边缘缺刻处具明显油腺点。花单性，无花冠，花轴绿色，萼片绿色，花梗中等长度，药丝绿色，中等长度，花药黄色。

物候期　陇南产区3月中旬萌芽，4月上旬现蕾，4月中下旬展叶、花盛开，8月中旬到9月中旬，进入新梢二次生长期，9月下旬新梢生长逐渐停止，10月中下旬开始落叶，进入休眠期。

经济性状　雄株，不能生长花椒。

栽培特性　耐瘠薄、耐旱，较耐阴，较耐水湿，较抗病虫危害。

适宜栽培范围　全国花椒产区均可试栽，但以青花椒产区表现更好。

主干

花序

叶片　新枝

植株

第九章 其他花椒

曹永红 撰写

大红袍王 *Zanthoxylum bungeanum* 'Dahongpaowang'

主要分布于河南东南部，是引进的韩城花椒在河南经过驯化后形成的独特品种。2011 年陇南市经济林研究院花椒研究所以实生苗木从林州引进，现栽培于陇南市武都区马街镇官堆村花椒研究所种质资源圃。

品种特征 落叶灌木。树高 3 ～ 5m，树势半开张，成枝力强。主干青灰色，光滑程度一般；皮孔混合型，中等大小，密生；无明显皮纹；具灰褐色扁皮刺，2 到多片生长在芽点周围，基部较窄，隆起明显；新生枝紫红色。奇数羽状复叶互生，无绒毛和蜡粉；小叶 5 ～ 9 枚，多 7 ～ 9 枚，对生，椭圆形，先端钝尖，基部近圆形，无轴翅，轴刺鸡爪状；叶色淡绿，厚纸质，光滑，平展，全缘，边缘具明显油腺点。花单性，无花冠，花轴绿色，萼片绿色，柱头 2 ～ 4 个，绿色，花柱中长；孤雌生殖。蓇葖果球形，中生疣状突起的中等腺体，果柄较短，一果柄着生果粒 1 ～ 3 粒；果穗较紧密，果实鲜红色，干制开裂后，外果皮鲜红色，内果皮黄白色。

物候期 早熟品种。陇南产区 3 月中旬萌芽，4 月上旬现蕾，4 月中下旬展叶、花盛开，5 月上旬坐果，5 月中下旬果迅速膨大，6 月上旬果实开始着色，油腺逐渐增多，种子变硬，7 月上中旬果实颜色完全由绿色变为丹红色，进入成熟期，8 月中旬到 9 月中旬，进入新梢二次生长期，9 月下旬新梢生长逐渐停止，10 月中下旬开始落叶，进入休眠期。

经济性状 果实产量高，品质中上。

栽培特性 喜肥、喜干燥，耐旱、不耐积水，抗病虫害能力弱。

适宜栽培范围 全国花椒（红）产区均可栽植。

花序

叶片

主干

新枝

果实

植株

无刺 2 号 *Zanthoxylum bungeanum* 'Wucierhao'

河北林科院从全国各地的引进品种中选育出的无刺无性系。2012 年陇南市经济林研究院花椒研究所以实生苗木从河北林科院引进，现栽培于陇南市武都区马街镇官堆村花椒研究所种质资源圃。

品种特征 落叶灌木。树高 3 ～ 5m，树势半开张，成枝力强。主干灰白色，较光滑；皮孔扁圆形，中等大小，密生；皮纹不明显；具褐色扁皮刺，2 到多片生长在芽点周围，基部较窄，隆起明显；新生枝红褐色。奇数羽状复叶互生，无绒毛和蜡粉；小叶 5 ～ 9 枚，多 7 ～ 9 枚，对生，椭圆形，先端突尖，基部近圆形，无轴刺和轴翅；叶色浓绿，厚纸质，光滑，微向上卷曲，全缘，边缘具明显油腺点。花单性，无花冠，花轴绿色，萼片红绿色，柱头 3 ～ 4 个，红绿色，花柱短；孤雌生殖。蓇葖果球形，着生有中等大小和密度的疣状突起腺体，果柄较短，一果柄着生果粒 1 ～ 3 粒；果穗较紧密，果实鲜红色，干制开裂后，外果皮淡红色，内果皮白色。

物候期 中熟品种。陇南产区 3 月中旬萌芽，4 月上旬现蕾，4 月中下旬展叶、花盛开，5 月上旬坐果，5 月中下旬果迅速膨大，6 月下旬果实开始着色，油腺逐渐增多，种子变硬，8 月上旬果实颜色完全由绿色变为红色，进入成熟期，8 月中旬到 9 月中旬，进入新梢二次生长期，9 月下旬新梢生长逐渐停止，10 月中下旬开始落叶，进入休眠期。

经济性状 果实产量高，品质中上。

栽培特性 喜肥、喜干燥，耐旱、耐寒、不耐积水，抗病虫害能力一般。

适宜栽培范围 全国花椒（红）产区均可栽植。

新枝

主干

果实

植株

叶片

花序

白沙椒 *Zanthoxylum bungeanum* '*Baishajiao*'

中原常见花椒品种。河北花椒产区栽培较多，山东亦有少量栽培。近年来，甘肃、陕西、四川有引种。2012 年陇南市经济林研究院花椒研究所以接穗从河北林科院引进，现栽培于陇南市武都区马街镇官堆村花椒研究所种质资源圃。

品种特征 落叶灌木。树高 3 ~ 5m，树势开张。主干黑褐色，较粗糙；皮孔扁圆形，较大且隆起，密集；无明显皮纹；具红褐色扁皮刺，基部较窄，隆起成厚基座；新生枝绿色。奇数羽状复叶互生，无绒毛和蜡粉；小叶 5 ~ 11 枚，多 7 ~ 9 枚，对生，椭圆形，先端渐尖，基部近圆形，无轴翅和轴刺；叶绿色，纸质，光滑，全缘，边缘具明显油腺点。花单性，无花冠，花轴、萼片均为绿色，柱头 3 ~ 4 个，绿色，花柱中短；孤雌生殖。蓇葖果球形，密生疣状突起的较大腺体，果柄较长，一果柄着生果粒 1 ~ 3 粒，果穗较松散，果实淡红色，干制开裂后，外果皮黄白色，内果皮白色。

物候期 中熟品种。陇南产区 3 月中旬萌芽，4 月上旬现蕾，4 月中下旬展叶、花盛开，5 月上旬坐果，5 月中下旬果迅速膨大，6 月下旬果实开始着色，油腺逐渐增多，种子变硬，8 月上中旬果实颜色完全由绿色变为黄白色，进入成熟期，8 月中旬到 9 月中旬，进入新梢二次生长期，9 月下旬新梢生长逐渐停止，10 月中下旬开始落叶，进入休眠期。

经济性状 果实产量高，香味纯正，无异味，麻味较淡，品质中等。

栽培特性 喜肥、喜干燥，耐旱、不耐积水，抗病虫害能力中等。

适宜栽培范围 全国花椒（红）产区均可栽培。

主干　新枝

花序　叶片

果实　植株

莱芜大红袍 *Zanthoxylum bungeanum* 'Laiwudahongpao'

山东省莱芜市地方品种。2012 年陇南市经济林研究院花椒研究所以实生苗木从莱芜市引进，现栽培于陇南市武都区马街镇官堆村花椒研究所种质资源圃。

品种特征 落叶灌木。树高 3～5m，树势半开张，成枝力强。主干灰白色，较光滑；皮孔扁圆形，中等大小，稀疏；皮纹不明显；具有灰白色扁皮刺，2 到多片生长在芽点周围，基部较窄，隆起大而明显；新生枝红褐色。奇数羽状复叶互生，无绒毛和蜡粉；小叶 5～11 枚，多 7～9 枚，对生，椭圆形，先端凹缺，基部近圆形，无轴翅，轴刺鸡爪状；叶色浓绿，厚纸质，光滑，微向上卷曲，叶缘锯齿状，边缘具明显油腺点。花单性，无花冠，花轴绿色，萼片绿色，柱头 3～4 个，绿色，花柱短；孤雌生殖。蓇葖果球形，着生有中等大小和密度的疣状突起腺体，果柄中等长度，一果柄着生果粒 1～3 粒；果穗较松散，果实淡红色，干制开裂后，外果皮淡红色，内果皮白色。

物候期 中熟品种。陇南产区 3 月中旬萌芽，4 月上旬现蕾，4 月中下旬展叶、花盛开，5 月上旬坐果，5 月中下旬果迅速膨大，6 月下旬果实开始着色，油腺逐渐增多，种子变硬，8 月上旬果实颜色完全由绿色变为红色，进入成熟期，8 月中旬到 9 月中旬，进入新梢二次生长期，9 月下旬新梢生长逐渐停止，10 月中下旬开始落叶，进入休眠期。

经济性状 果实产量一般，品质中等。

栽培特性 喜肥、喜干燥，耐旱、耐寒、不耐积水，抗病虫害能力一般。

适宜栽培范围 全国花椒（红）产区均可栽植。

主干　　果实　　新枝

花序　　叶片

植株

莱芜无刺椒 *Zanthoxylum bungeanum* 'Laiwuwucijiao'

莱芜市农业科学院从莱芜大红袍中选育出的具有无刺性状的无性系。2014 年陇南市经济林研究院花椒研究所以接穗从莱芜市农业科学院引进，现栽培于陇南市武都区马街镇官堆村花椒研究所种质资源圃。

品种特征 落叶灌木。树高 3 ~ 5m，树势半开张，成枝力强。主干青绿色，较光滑；皮孔混合型，中等大小和密度；皮纹不明显；具褐色扁皮刺，稀疏生长在芽点周围，基部较窄，隆起无或不明显；新生枝红褐色。奇数羽状复叶互生，无绒毛和蜡粉；小叶 7 ~ 9 枚，对生，卵圆形，先端渐尖，基部近圆形，无轴刺和轴翅；叶色浓绿，厚纸质，光滑，微向上卷曲，叶缘锯齿状，边缘具明显油腺点。花单性，无花冠，花轴绿色，萼片红绿色，柱头 3 ~ 4 个，绿色，花柱短；孤雌生殖。蓇葖果球形，着生有中等大小和密度的疣状突起腺体，果柄较短，一果柄着生果粒 1 ~ 3 粒；果穗较紧密，果实淡红色，干制开裂后，外果皮淡红色，内果皮白色。

物候期 中熟品种。陇南产区 3 月中旬萌芽，4 月上旬现蕾，4 月中下旬展叶、花盛开，5 月上旬坐果，5 月中下旬果迅速膨大，6 月下旬果实开始着色，油腺逐渐增多，种子变硬，8 月上旬果实颜色完全由绿色变为红色，进入成熟期，8 月中旬到 9 月中旬，进入新梢二次生长期，9 月下旬新梢生长逐渐停止，10 月中下旬开始落叶，进入休眠期。

经济性状 果实产量中上，品质一般。

栽培特性 喜肥、喜干燥，耐旱、耐寒、不耐积水，抗病虫害能力一般。

适宜栽培范围 全国花椒（红）产区均可栽植。

主干　花序

植株　叶片　新枝

果实

莱芜小红椒 *Zanthoxylum bungeanum* 'Laiwuxiaohongjiao'

主要栽培于山东省莱芜市。2012年陇南市经济林研究院花椒研究所以种子从莱芜市引进，现栽培于陇南市武都区马街镇官堆村花椒研究所种质资源圃。

品种特征 落叶灌木。树高 3～5m，树势半开张，成枝力强。主干青绿色，较光滑；皮孔扁圆形，中等大小和密度；皮纹不明显；具灰白色扁皮刺，2到多片生长在芽点周围，基部较窄，隆起明显；新生枝绿色。奇数羽状复叶互生，无绒毛和蜡粉；小叶 5～11 枚，多 7～9 枚，对生，椭圆形，先端渐尖，基部近圆形，无轴翅，叶片正面具较大的针状轴刺，背面具有鸡爪状轴刺；叶色浓绿，厚纸质，光滑，微向上卷曲，全缘，边缘具明显油腺点。花单性，无花冠，花轴绿色，萼片红绿色，柱头 3～4 个，绿色，花柱短；孤雌生殖。蓇葖果球形，稀疏着生有小的疣状突起腺体，果柄中等，一果柄着生果粒 1～3 粒；果穗疏松，果实淡红色，干制开裂后，外果皮淡红色，内果皮白色。

物候期 晚熟品种。陇南产区 3 月中旬萌芽，4 月上旬现蕾，4 月中下旬展叶、花盛开，5 月上旬坐果，6 月上旬果迅速膨大，8 月上旬果实开始着色，油腺逐渐增多，种子变硬，9 月中旬果实颜色完全由绿色变为褐红色，进入成熟期，8 月中旬到 9 月中旬，进入新梢二次生长期，9 月下旬新梢生长逐渐停止，10 月中下旬开始落叶，进入休眠期。

经济性状 果实产量低，果皮有明显腥膻味，品质较差。

栽培特性 耐瘠薄、耐旱、耐寒、耐阴，较耐水湿，树势强，抗病虫害能力中等。

适宜栽培范围 全国花椒（红）产区均可栽培。

主干

叶片

果实

新枝

植株

花序

茴香花椒 *Zanthoxylum bungeanum* 'Huixianghuajiao'

原种名香椒籽。山东省莱芜市农业科学院从当地野花椒引种驯化的新品种。2012 年陇南市经济林研究院花椒研究所以种子从莱芜市农业科学院引进，现栽培于陇南市武都区马街镇官堆村花椒研究所种质资源圃。

品种特征 落叶灌木。树高 1 ～ 3m，树势开张，成枝力强。主干灰白色，粗糙；皮孔扁圆形，中等大小和密度；皮纹明显；具灰紫红色针状皮刺，2 到多片生长在芽点周围，基部隆起明显；新生枝紫红色。奇数羽状复叶互生，无绒毛和蜡粉；小叶 13 ～ 21 枚，多 15 ～ 19 枚，对生，椭圆形，先端钝尖，基部近楔形，无轴翅，轴刺鸡爪状；叶色淡绿，厚纸质，光滑，微向上卷曲，边缘局波形细锯齿，齿缝具明显油腺点。花单性，雌雄异株或杂性，伞房状圆锥花序顶生，花小而多，无花冠，花轴绿色，萼片绿色，柱头 1 个，绿色，花柱短。蓇葖果椭圆形，密生凹陷小的腺体，果柄中等，一果柄着生果粒 1 ～ 3 粒；果穗疏松，成熟果实暗绿色，晾干外后果皮呈墨绿色，内果皮白色。

物候期 晚熟品种。陇南产区 3 月中旬萌芽，4 月上旬现蕾，4 月中下旬展叶，6 月中下旬花盛开，7 月中旬坐果，7 月下旬果迅速膨大，8 月上旬果实开始着色，油腺逐渐增多，种子变硬，9 月中旬果实颜色完全由绿色变为紫红色，进入成熟期，8 月中旬到 9 月中旬，进入新梢二次生长期，9 月下旬新梢生长逐渐停止，10 月中下旬开始落叶，进入休眠期。

经济性状 果实产量低，果皮有明显茴香味，品质中等。

栽培特性 耐瘠薄、耐旱、耐寒、耐阴，较耐水湿，树势强，抗病虫害能力一般。

适宜栽培范围 全国花椒产区均可试栽培。

花序

果实

主干

新枝

叶片

植株

参考文献

班明辉，孔芬，刘小勇，等，2017. 甘肃花椒地区品种整理结果简述 [J]. 甘肃农业科技 (6)：80-81.

毕君，王春荣，赵京献，等，2003. 北方花椒主产区种质资源考察报告 [J]. 河北林果研究，18(2)：165-168.

畅里哲，1993. 我国花椒主要品种及丰产栽培技术 [J]. 山西果树 (1)：27-29.

董云岚，魏玉群，赵一鹏，等，1997. 太行山区花椒的种质资源及分布 [J]. 林业科技通讯 (9)：22-24.

龚霞，吴银明，陈政，等，2018. 四川地区花椒种质资源调查 [J]. 四川农业科技 (6)：65-68.

郭延秀，席少阳，马毅，等，2021. 花椒本草考证 [J]. 中国中医药信息杂志，28(3)：1-7.

黄兆辉，叶文斌，何九军，等，2022. 甘肃小陇山国家级自然保护区 5 种木本植物新记录 [J]. 浙江林业科技，42(5)：95-99.

李晓，2011. 花椒种质资源遗传多样性研究 [D]. 咸阳：西北农林科技大学.

蒙燕，2014. 九叶青花椒特征特性及栽培技术 [J]. 现代农业科技 (23)：120-121.

秦运潭，向淑华，2011. 藤椒特征特性及栽培技术 [J]. 现代农业科技 (18)：136-137.

尚贤毅，谭晓风，2009. 甘肃陇南地区花椒种质资源调查 [J]. 经济林研究，27(2)：93-96.

史劲松，顾龚平，吴素玲，等，2003. 花椒资源与开发利用现状调查 [J]. 中国野生植物资源，22(5)：6-8.

王超，赵京献，毕君，等，2005. 日本花椒的引种试验 [J]. 林业科技开发，19(3)：46-48.

魏佳英，赵海云，2010. 甘肃陇南花椒果实性状及其生长表现分析 [J]. 甘肃林业科技 (1)：77-79.

吴银明，李佩洪，杨琳，等，2011. 四川花椒种质资源调查及资源圃的建立 [J]. 四川林业科技，32(6)：68-72.

杨建雷，2020. 花椒 [M]. 兰州：甘肃科学技术出版社 .

杨建雷，王洪建，2015. 陇南花椒丰产栽培及主要病虫害防治技术 [M]. 兰州：甘肃科学技术出版社 .

于胜男，2012. 花椒的研究概述 [J]. 中国调味品，37(12)：10-12，28.

原双进，张振南，王云芳，等，2006. 花椒良种选育研究 [J]. 西北林学院学报，21(2)：84-86.

张华，叶萌，2010. 青花椒的分类地位及成分研究现状 [J]. 北方园艺 (14)：199-203.

张祺云，庞显莲，李德荣，等，2011. 四川花椒常见栽培品种的特性与分布 [J]. 中国西部科技，10(35)：47，84.

赵京献，毕君，王春荣，等，2006. 日本无刺花椒新品种引进及驯化栽培 [J]. 河北林业科技 (增刊)：63-65.

中国科学院中国植物志编辑委员会，1997. 中国植物志 [M]. 北京：科学出版社 .

周光彩，李庆芝，尚春华，2014. 花椒新品种茴香的特征特性及栽培管理技术 [J]. 农业科技通讯 (1)：212-213.

Feng S J，Niu J S，Liu Z S，et al.，2020. Genetic diversity and evolutionary relationships of Chinese pepper based on nrDNA markers [J].Forests,11(5):543.

附　录　陇南主要花椒品种

杨建雷　撰写

竹叶椒 *Zanthoxylum armatum*

竹叶椒

别名竹叶花椒、洋椒子、狗椒、狗屎椒、两面针等。分布于长江南北各地。陇南市主要分布于武都区、康县、礼县及文县的刘家坪乡、范坝镇、桥头镇、临江镇、石坊镇等乡镇，生于海拔900～1500m的低山疏林下、灌丛中，也见于河滩及渠岸等处。

落叶小乔木或灌木。奇数羽状复叶，小叶披针形，3～9枚，整齐对生；叶有明显翼叶；叶轴及小叶中脉上常着生较多的扁刺；小叶有侧脉通常每边不超过15条，中脉与侧脉的夹角一般不大于75°；小叶仅背面中脉基部两侧有小丛毛；中脉在叶面微凹或近于平坦；嫩枝及花序轴均无毛。花被片5～9枚，一轮排列，大小约相等，形状相似，颜色相同；雄花的雄蕊5～9枚；雌花有心皮2～3个，花柱向背面略呈弓形弯曲，心皮背面常有一较大油点，不育雄蕊鳞片状或短柱状，很少有两性花；腋生状聚伞花序圆锥状，花彼此疏离，有明显的总花梗；果序上的果较疏散，每穗10～30粒，成熟果瓣鲜红或暗紫红色，油点略凸起。6月中旬盛花，8月中旬成熟。

毛竹叶椒 *Zanthoxylum armatum* var. *ferrugineum*

　　别名毛竹叶花椒。分布于长江以南多数省份。陇南市主要分布于文县，生于海拔 1000m 左右的山谷、沟岸和灌丛中。

　　竹叶椒的变种，毛竹叶椒与竹叶椒的区别在于，前者叶轴的翼较小，嫩枝、嫩叶的叶柄及花序轴上均被锈褐色短绒毛。

毛竹叶椒

毛叶花椒 *Zanthoxylum bungeanum* var. *pubescens*

　　分布于陕西、甘肃二省南部及四川。陇南市主要分布于武都区，生于海拔 2000m 以下山坡灌丛中。

　　花椒的变种，与原种的主要区别为小叶两面密被短绒毛。落叶小乔木或灌木，茎干有增大的皮刺。奇数羽状复叶，小叶 5 ～ 11 枚，整齐对生，卵形或卵状矩圆形；叶无翼叶，或在叶轴腹面有甚狭窄的叶质边缘，叶缘有裂齿，叶轴有或无刺，小叶中脉上少有刺，两面密被短绒毛。聚伞圆锥花序顶生；雌花有心皮 3 个或 4 个，有时 2 个。蓇葖果球形，红色至酱红色，密生疣状突起的腺体。

毛叶花椒

异叶花椒 *Zanthoxylum dimorphophyllum*

主要分布于岭南南坡以南各地。陇南市分布于武都区、康县、两当县及文县的肖家、碧口、范坝等东南部乡镇，生于 800～1400m 低山疏林和灌木丛中，有时也见于旷地。

落叶灌木。茎干灰黑色，无刺。复叶指掌状，单小叶，或 3～5 枚小叶，椭圆或倒卵形，先端短尖或凹缺，平行叶脉明显，叶缘具裂齿，叶缘无刺，革质，叶面及齿缝处有透明油点。聚伞圆锥花序顶生，腋生状；花被 5～9 枚，排列一轮，无萼片和花瓣之分；心皮 2～4 个，离生。蓇葖果近球形，紫红色，表面有油点；种子球形，黑色有光泽。果实 9 月中下旬成熟。

异叶花椒

刺异叶花椒 *Zanthoxylum dimorphophyllum var. spinifolium*

别名刺三加、红三百棒、青椒皮。分布于甘肃、陕西南部、湖北、湖南、贵州、四川等。陇南市分布于成县及文县的范坝镇等地，生于海拔 800～1800m 的山谷或山坡灌丛中。

异叶花椒的变种，区别在于本变种小叶边缘有针状刺。果实 9 月中下旬成熟。

刺异叶花椒

蚬壳花椒 *Zanthoxylum dissitum*

蚬壳花椒

　　别名山枇杷、单面针、大果花椒，分布于除华东几省外的秦岭南坡以南至五岭以北。陇南市分布于武都区枫相乡、文县范坝镇等地，生于海拔 700 ～ 1000m 阴湿山谷林下。

　　木质藤本。茎干灰白色，多尖锐皮刺；小枝无劲直的针状密刺。奇数羽状复叶互生；小叶 5 ～ 13 枚，狭矩圆形至卵状矩圆形，全缘，互生，革质；叶轴和小叶正面叶脉具弯钩的刺，叶面无明显透明油点。聚伞状圆锥花序，腋生；花被二轮，萼片、花瓣各 4 ～ 5 枚，明显分开。果实棕色，果壳大，不生刺，有薄边缘，形似蚬壳。果实 9 月中下旬成熟。

刺壳花椒 *Zanthoxylum echinocarpum*

　　别名刺壳椒。分布于湖北、湖南、广东、广西、贵州、四川、云南等省份。陇南市发现较晚，仅见于文县碧口镇的李子坝、碧峰沟等地，生于海拔 1000 ~ 1450m 阴湿山谷林下。

　　木质藤本。枝具髓部，多锐直皮刺和短柔毛。复叶对生或互生，小叶 5 ~ 10 枚，卵状椭圆形或长椭圆形，基部圆形，有时呈心形，近全缘；叶轴上的刺较多，叶轴、小叶叶柄、叶面中脉均密被短柔毛；小叶背面中脉上常有弯钩小刺，厚纸质。花序腋生，总花梗明显，花序轴散生长短不等的直刺；萼片、花瓣、雄蕊均 4 枚或 5 枚，雌花有心皮 4 个，萼片紫绿色。果瓣上的油点不凸或微凸起，密生分枝的刺。果实 10 月中下旬成熟。

刺壳花椒

川陕花椒 *Zanthoxylum piasezkii*

别名皮氏花椒、小叶花椒、大金花椒，分布于陕西、甘肃二省南部、四川北部。陇南市各县区均有分布，生于海拔 600 ~ 1800m 干燥山谷和路旁。

落叶灌木。茎干节间短，树皮灰褐色，密被基部增大的褐红色扁平、锐直皮刺。奇数羽状复叶互生，叶轴两侧有狭翅，背面常用小皮刺；小叶 11 ~ 17 枚，对生，纸质，卵形、倒卵形或斜卵形，长与宽均不超过1cm，顶端圆或钝，很少短尖，两侧不对称，全缘，或近顶部边缘有少数细裂齿；叶质厚，侧脉不显，散生仅在扩大镜下可见稀疏油点。聚伞圆锥花序，腋生或顶生，花序轴无毛或几无毛；花单性，花被片 5 ~ 8 个，一轮，狭卵形或钻形；雄花雄蕊 4 ~ 6 枚，雌花常用心皮 2 ~ 4 个，花柱短，分离。蓇葖果 1 ~ 2 个，表面腺体突起，成熟后紫红色。花期 4 ~ 5月，果期 6 ~ 8 月。

川陕花椒

微柔毛花椒 *Zanthoxylum pilosulum*

分布于陕西、甘肃二省南部及四川北部。陇南市主要分布于文县、武都区，生于海拔 1000m 以下山沟灌丛中。

落叶灌木。嫩枝有嫩柔毛，小枝纤细，节间多密被基部扁平的锐刺。奇数羽状复叶对生，叶无翼叶；小叶 7～11 枚，无毛，卵形或椭圆形，长宽 1～2cm，先端短尖，近无柄，叶色深绿，叶缘有细裂齿，侧脉明显，薄纸质。花序轴密被略粗的短毛。蓇葖果较小，紫红色。8 月中下旬果实成熟。

微柔毛花椒

狭叶花椒 *Zanthoxylum stenophyllum*

别名窄叶花椒、柳叶山椒。分布于陕西、甘肃二省南部及湖北西部、四川。陇南市分布于武都区、宕昌县、西和县、礼县、康县、两当县、成县及文县的桥头乡金子山，生于海拔 1000 ～ 2000m 山坡疏林下及灌丛中，也见于河岸。

落叶灌木。茎干灰白色，小枝纤细，具针状锐刺。奇数羽状复叶互生，叶轴密劲直或向后弯钩的钩刺；小叶 9 ～ 23 枚，互生，纸质至厚纸质，卵状披针形或狭长披针形，长为宽的 2.5 ～ 7 倍，顶部短尖，基部楔形，背面中脉上常有锐刺，叶缘有锯齿，齿缝处有油点，网状叶脉在叶片两边都微凸起，腹面被挺直的短柔毛。伞房状圆锥花序顶生，总花梗很短或近无；花被二轮，萼片、花瓣各 4 ～ 5 枚；果成熟时淡红色，表面有细小腺点，先端具喙。花期 4 ～ 5 月，果实 8 月中下旬成熟。

狭叶花椒

野花椒 *Zanthoxylum simulans*

陇南市分布于文县、康县、武都区、徽县、两当县，生于海拔 750m 以下小山丘上的矮灌丛中，或灌木林中，向阳山坡或路旁可见，村边宅旁栽培。

灌木。小叶 5～9 枚，对生，半革质，无柄，卵圆形，长 2.5～6cm，宽 1～2cm，先端短急尖，楔形或圆形，微偏斜，边缘具细微圆刺；两面均有透明腺点，深绿色，中脉下陷，在下面偶具短刺。聚伞圆锥花序，顶生，长 1～5cm；花轴具短柄，花萼片 5～8 个，绿色，长三角形，先端渐尖，雄蕊 5～7 枚，稀 4～5 枚；花丝较萼片短，退化子房先端 2 叉裂；花盘环形，成熟心皮 1～2 个，稀 3 个，紫红色或红色。种子近圆形，黑色有光泽。

野花椒

香椒子 *Zanthoxylum schinifolium*

　　别名崖椒、野椒、狗椒，主要分布于白龙江中下游、康南林区，生于山坡林下。

　　灌木。树皮暗褐色，多皮刺，无毛。奇数羽状复叶互生，小叶11～21枚，对生或近对生，纸质，披针形或椭圆状披针形，边缘有细锯齿，齿缝有腺点，下面苍青色，疏生腺点；叶轴具狭翅，有稀疏而略向上的皮刺。伞房状圆锥花序，顶生，花小而多，青色，单性，5数；雌花心皮3个。蓇葖果成熟时紫红色，顶端有极小的喙。种子蓝黑色，有光泽。

香椒子

小花花椒 *Zanthoxylum micranthum*

小花花椒

　　发现地甘肃省陇南市徽县、甘肃小陇山国家级自然保护区、东沟峡（106°16'51.43″ E、33°39'40.81″ N），生于河谷地带山坡林中，海拔1135m。凭证标本：黄兆辉，H20210820023，存放于陇南师范高等专科学校植物标本室。甘肃省农业大学孙学刚老师在陇南市文县也有发现。

　　原记载产于湖北、湖南、贵州、四川、云南、浙江。甘肃分布新记录，同时也是甘肃小陇山国家级自然保护区分布新记录。

　　落叶乔木。高达 13m，树干通直，树皮浅灰色，树干上有基部圆环状凸起的锐刺，小枝有稀疏皮刺。奇数羽状复叶，小叶 7 ～ 15 枚，披针形，前端长渐尖，基部稍歪斜。伞房状圆锥花序顶生，花期 7 ～ 8 月，果期 9 ～ 10 月。